建筑施工企业主要负责人、项目负责人、专职安全生产管理人员安全生产培训教材

建筑施工安全生产技术

（土建）

（第二版）

建 筑 施 工 安 全 生 产 培 训 教 材 编 写 委 员 会　组织编写

住房和城乡建设部建筑施工安全标准化技术委员会　审　　定

中 国 建 筑 工 业 出 版 社

图书在版编目(CIP)数据

建筑施工安全生产技术. 土建/建筑施工安全生产培训教材编写委员会组织编写 .—2 版. —北京：中国建筑工业出版社，2020.7
(2022.7重印)
建筑施工企业主要负责人、项目负责人、专职安全生产管理人员安全生产培训教材
ISBN 978-7-112-25149-0

Ⅰ. ①建⋯ Ⅱ. ①建⋯ Ⅲ. ①建筑工程-工程施工-安全管理-安全培训-教材 Ⅳ.①TU714

中国版本图书馆 CIP 数据核字(2020)第 080641 号

责任编辑：赵云波
责任校对：李美娜

建筑施工企业主要负责人、项目负责人、专职安全生产管理人员安全生产培训教材
建筑施工安全生产技术（土建）
（第二版）
建 筑 施 工 安 全 生 产 培 训 教 材 编 写 委 员 会 组织编写
住房和城乡建设部建筑施工安全标准化技术委员会 审　　定
*
中国建筑工业出版社出版、发行(北京海淀三里河路 9 号)
各地新华书店、建筑书店经销
北京红光制版公司制版
天津安泰印刷有限公司印刷
*
开本：787×1092 毫米 1/16 印张：12 字数：295 千字
2020 年 8 月第二版 2022 年 7 月第十四次印刷
定价：**29.00** 元
ISBN 978-7-112-25149-0
(35919)

建筑施工安全生产培训教材编写委员会

主　编：阚咏梅

副主编：艾伟杰

编　委：（按姓氏笔画为序）

　　　　刘延兵　刘梦迪　李雪飞　苗云森　郭　欣　曹安民　潘志强

审 定 委 员 会

主　任：李守林

副主任：王　平

委　员：（按姓氏笔画为序）

　　　　于卫东　于洪友　于海祥　马奉公　王长海　王凯晖　王俊川
　　　　牛福增　尹如法　朱　军　刘承桓　孙洪涛　杨　杰　吴晓广
　　　　宋　煜　陈　红　罗文龙　赵安全　胡兆文　姚圣龙　秦兆文
　　　　阎　琪　康　宸　扈其强　葛兴杰　舒世平　曾　勃　管小军
　　　　魏吉祥

第二版前言

依据《中华人民共和国安全生产法》和《建设工程安全生产管理条例》等法律法规的规定，建筑施工企业主要负责人、项目负责人和专职安全生产管理人员必须经考核合格。

为认真贯彻"安全第一，预防为主，综合治理"的安全生产方针，加强安全管理意识，提升安全管理能力，根据审定的大纲，在总结建筑施工经验、读者和专家意见和建议的基础上，编写了建筑施工企业主要负责人、项目负责人和专职安全生产管理人员培训教材。

自本套教材第一版出版后，我国建筑工程领域的相关法律、法规、标准、规范又发生了重大的变化和更新。为此我们积极组织相关专家，根据建设行业的特点，紧密结合国家现行的有关规范、标准和规程，对于本套教材所涉及的内容及时进行了更新和调整，力求使读者能够了解到最具实效性的建设工程安全管理的相关内容。同时随着装配式建筑的推广，装配式建筑施工安全也不容忽视，因此本次修订增加了建筑装配式施工安全技术的相关内容，另外还强化了卫生防疫的相关知识，以便于加强行业人员的防疫意识和防疫能力。

本套教材在修订过程中，依然坚持理论联系实际，紧密结合建筑施工安全生产的需求，具有很强的规范性、针对性、实用性和先进性。适合建筑施工企业主要负责人、项目负责人和专职安全生产管理人员培训使用，也适合从业人员自学使用，并可作为专业人员的参考用书。

本套教材在修订过程中，参考了其他专家学者的相关著作，在此向他们表示最诚挚的谢意。修订时虽反复推敲核证，但限于编者的专业水平和实践经验，仍难免有疏漏或不妥之处，敬请专家与同行指正，以期不断完善。

编者

第 一 版 前 言

为认真贯彻"安全第一，预防为主，综合治理"的安全生产方针，依据《中华人民共和国安全生产法》和《建设工程安全生产管理条例》等法律法规的规定，建筑施工企业主要负责人、项目负责人和专职安全生产管理人员必须经考核合格。为了加强安全管理意识、提升安全管理能力，在总结建筑施工经验和专家意见和建议的基础上，编写本书。

本书在编写过程中，根据建筑行业的特点，紧密结合国家现行的有关规范、标准和规程，依据为《住房和城乡建设部关于印发〈建筑施工企业主要负责人、项目负责人和专职安全生产管理人员安全生产管理规定实施意见〉的通知》（建质〔2015〕206号）。

本书侧重于土建施工的安全技术要求，内容主要包括：土方工程、模板工程、脚手架工程、高处作业、施工现场临时用电安全管理、焊接工程、施工现场防火、季节性施工、工程建设标准强制性条文九个方面。

本书编写过程中坚持理论联系实际，紧密结合工程施工的需求，具有很强的规范性、针对性和实用性，内容通俗易懂。适合专职安全生产管理人员培训使用，也适合从业人员自学使用，并可作为专业人员的参考用书。

本书由刘善安、阚咏梅、张晓艳编写，在编写过程中参考了相关现行规范、标准、资料及专家的意见，在此一并对作者表示感谢。同时，在本书编写过程中，虽经反复推敲核证，仍难免有疏漏或不妥之处，恳请各位读者提出宝贵意见，在此一并表示感谢。

目　录

1 土方工程

本章要点：基坑分类，基坑支护安全技术，人工降排地下水，土方工程施工，基坑工程监测，基坑挖土和支护工程施工操作安全措施，顶管施工，盾构施工等相关内容。

1.1 基 坑 分 类

基础开挖是基础工程或地下工程施工中的关键环节。近年来，由于高层建筑和超高层建筑的大量涌现，深基坑工程也随之增多、增深。尤其在软土地区的旧城改造中，为了节约占地，在工程建设中，业主总是要求充分利用基础面积，使得地下建筑物要占基底面积的90%左右，基坑边常常紧靠邻近建筑，而周围环境要求深基础施工对其影响要减小到最低程度。因此，深基础施工难度越来越大，其中支护结构设计与施工更为突出。

基坑是指为进行建筑物（包括构筑物）基础与地下室的施工所开挖的地面以下空间。基坑属于临时性工程，其作用是提供一个空间，使基础的砌筑作业得以按照设计所指定的位置进行。一般分为无支护和有支护两类。

无支护基坑的特点：①基础埋置不深，施工期较短，挖基坑时不影响邻近建筑物的安全；②地下水位低于基底或者渗透量小，不影响坑壁稳定性。

无支护基坑的坑壁形式分为垂直坑壁、斜坡和阶梯形坑壁以及变坡度坑壁。

有支护基坑的特点：①基坑壁土质不稳定，并且有地下水的影响；②放坡土方开挖工程量过大，不经济；③容易受到施工场地或邻近建筑物限制，不能采用放坡开挖。

1.2 基坑支护安全技术

1.2.1 支护结构破坏的主要形式

（1）整体失稳：由于作为支护结构的挡土结构插入深度不够，或支撑位置不当，或支撑与围檩系统的结合不牢等，造成挡土结构位移过大的前倾或后仰，甚至挡土结构倒塌，导致坑外土体大滑坡，支护结构系统整体失稳破坏。

（2）基坑隆起：在软弱的黏性土层中开挖基坑，当基坑内的土体不断开挖，挡土结构内外土面的高差所产生的作用等于结构外在基坑开挖水平面上作用下附加荷载。挖深增大，荷载也增加。挡土结构入土深度不足，则会使基坑内土体大量隆起，基坑外土体过量沉陷，支撑系统应力陡增，导致支护结构整体失稳破坏。

（3）管涌及流砂：含水砂质粉土层或粉质砂土层中的基坑支护结构，在基坑开挖过程中，挡土墙内外形成水头差。当动水压力的渗流速度超过临界流速或水力坡度超过临界坡度时，就会引起管涌及流砂现象。基坑底部和墙体外面大量的泥沙随地下水涌入基坑，导致坑外地面塌陷，严重时使墙体产生过大位移，引起整个支护体系崩塌。

（4）支撑折断或压屈：支撑设计时，由于计算受力不准确或套用的规范不对，考虑的安全系数有误，或者施工时质量低劣，未能满足设计要求，一旦基坑土方开挖，在较大的侧向土压力作用下，发生支撑折断破坏或严重压屈，引起墙体变形过大或破坏，导致整个支护结构破坏。

（5）墙体破坏：墙体强度不够或连接构造不合理，在土压力、水压力作用下，产生的最大弯矩超过墙体抗弯强度，引起强度破坏。

1.2.2 基坑侧壁安全等级

现行《建筑基坑支护技术规程》JGJ 120 规定，基坑支护结构可划分为三个安全等级，不同等级采用相对应的重要性系数 γ_0，基坑支护结构安全等级见表 1-1。对于同一基坑的不同部位，可采用不同的安全等级。

基坑支护结构安全等级 表 1-1

安全等级	破坏后果	重要性系数 γ_0
一级	支护结构失效、土体过大变形对基坑周边环境或主体结构施工安全的影响很严重	1.10
二级	支护结构失效、土体过大变形对基坑周边环境或主体结构施工安全的影响严重	1.00
三级	支护结构失效、土体过大变形对基坑周边环境或主体结构施工安全的影响不严重	0.90

1.2.3 基坑支护结构设计的要求

结构设计属于深基础施工技术措施范畴，它不是建（构）筑物设计。其目的是为深基础施工设计一个安全、良好的作业环境，它是施工项目施工组织设计中的重要内容之一。一个合理的支护结构设计，应该是在调查地基周围环境，研究采用的施工工艺及辅助措施后，应用土力学及其他结构计算理论与方法进行综合设计的结果。

1. 支撑结构的作用

（1）为深基础施工创造一个安全的、良好的作业环境，保证基础工程能按期保质施工。

（2）保证基坑开挖时，最大限度地减少对周围建（构）筑物、道路及管线的影响，确保其安全。

（3）控制支护结构的变形区域位移对本工程桩的影响。

2. 基坑支护结构设计应具备的资料

（1）岩土工程勘察报告。

（2）邻近建筑物和地下设施的类型、分布情况和结构质量的检测资料。

（3）用地退界线及红线范围图、场地周围地下管线图、建筑总平面图、地下结构平面和剖面图。

3. 基坑支护结构设计的基本原则

（1）安全可靠：支护结构设计必须在强度、变形、整体稳定和其他需要验算的项目方面符合有关规范的要求，确保基坑自身安全及周围建（构）筑物、道路和管线的安全。

（2）方便施工：支护结构设计的目的是为基础工程施工创造良好的作业环境，因此应在满足安全的前提下，尽量方便施工。

（3）经济合理：当前，深基础工程支护结构及其辅助措施费占工程总造价的比例较大，但是毕竟是临时性的技术措施，因此只要能够满足施工阶段的安全，应兼顾考虑性价比。

4. 基坑支护结构设计的主要内容

（1）支护结构的方案比较和选型。

（2）支护结构的强度计算。

（3）支护结构的变形计算。

（4）支护结构的整体稳定性验算。

（5）围护墙的抗渗验算。

（6）基坑抗隆起验算。

（7）提出降水要求，进行降水方案设计。

（8）确定挖土工况，进行土方施工方案设计。

（9）提出监测要求，进行监测方案设计。

1.2.4 基坑工程支护体系的几种形式

1. H型钢（工字钢）桩加横挡板

它也称为桩板式支护结构，适用于土质较好，不需要抗渗止水或地下水位低的基坑。当在含水地层中使用时，应采用人工降低地下水位或配合集水井排水使水位低于坑底标高，保证施工作业面的干燥环境。其构造形式如图1-1所示。

锤击H型钢（工字钢）桩达到设计深度。开挖土方时，边挖边在H型钢（工字钢）桩加挡土板，直至基坑设计深度；结构施工完毕，自下而上按回填土顺序逐层拆除挡土板，随拆随填；填土完毕，用振动拔桩机拔出型钢桩。

当H型钢（工字钢）桩为悬臂式时，位移较大，一般均设置支撑或拉锚，当用于较深的基坑时，支撑或拉锚工作量会较大，否则会引起较大变形。为了取得更好的支护效果，可将坑外拉锚和坑内支撑结合起来使用。另外，打桩和拔桩噪声较大，在市区施工受到限制。

2. 挡土灌注桩支护

（1）间隔式（疏排）混凝土灌注桩加钢丝网水泥砂浆抹面护壁

此桩适用于各种黏土、砂土、地下水位低的地质情况。当地下水位高于基坑底标高时，应采取降水措施，以防止地下水冲压钢丝网水泥。其构造形式如图1-2所示。

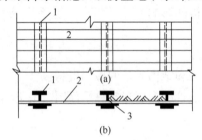

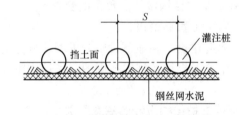

图1-1 H型钢桩加横挡板式挡土墙
（a）立面；（b）平面
1—H型钢桩；2—横挡板；3—楔子

图1-2 间隔式灌注桩示意

钢筋混凝土灌注桩，按一定间隔疏排，每桩间隔净距不大于1m。每根桩按承担S范围内的土压力计算插入深度及弯矩等，一般桩间净距以0.6～0.8m为宜。桩顶必须做压顶圈梁，将灌注桩彼此连成一个整体，最终连同钢丝网片共同发挥护壁作用。圈梁做完后方能挖土。在土方开挖面做钢丝网水泥砂浆抹面护壁，以防止边坡土体剥落。

灌注桩施工较为简便，无振动、无噪声、无挤土、不扰民，刚度大，抗弯能力强，变形较小。但水泥用量大，水下浇筑混凝土时，质量不易保证。基坑深度超过10m，应在支护结构上采取其他措施。

（2）密排式混凝土灌注桩（或预制桩）

适用于黏土、砂土、软土、淤泥质土等土质。密排桩可以采用灌注桩或预制桩。先间隔成孔，随后浇筑混凝土成桩，然后再间隔成孔浇筑混凝土后形成密排式混凝土灌注桩，可以成一字形排列，如图 1-3（a）所示，也可以交错排列，如图 1-3（b）所示。桩间浇筑水泥砂、水泥土桩，如图 1-3（c）所示。桩顶做连系圈梁。

密排桩较疏排桩受力性能好，若无防水抗渗措施，则不能止水。密排桩比地下连续墙施工简便，但整体性不如地下连续墙。如做好防渗措施（加水泥压力注浆等），其防水、挡土功能与地下连续墙相似。

（3）双排灌注桩

有的工程为了用支撑简化施工，采用间隔一定距离的双排钻孔灌注桩与桩顶横（冒）梁组成空间结构围护墙，适用于黏土、砂土土质，地下水位较低的地区。

采用中等直径（如 $\phi400\sim\phi600$）的灌注桩，做成双排梅花式或前后排式的桩，如图1-4 所示。桩顶用横（冒）梁连接，该梁宽大，与嵌固的灌注桩形成门式刚架。挖土一般只将前桩露出，而桩间土不动，使前后排桩同时受力。

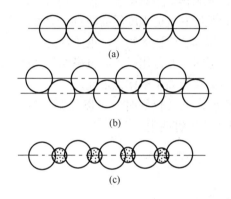

图 1-3　密排桩

（a）一字排；（b）交错排；
（c）浇筑水泥砂、水泥土桩

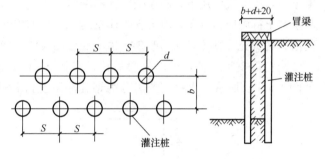

图 1-4　双排桩挡土示意

双排灌注桩刚度大，位移小，施工简便，便于节约材料，缩短施工工期。单排悬臂桩不能满足变形要求时，可以采用双排悬臂桩支护。

3. 桩墙合一地下室逆作法

适用于土质为黏土、砂土，地下水位低且以桩做基础的深基坑，特别适合场地狭小的工程施工。

基坑护坡桩与地下结构外围承重结构合二为一，即为桩墙合一。结构四周边桩，既受垂直荷载作用，也受水平荷载作用。作为护坡桩，要有足够埋深；作为承重桩，要达持力层。地下结构外墙应与挡土支护桩、承重桩连成整体，还须防水抗渗。以地下室各层楼板做挡土桩水平支撑，即可用地下室逆作法。地下室逆作法，从上往下施工，每层楼板施工完毕，向下挖土、运土，如图 1-5 所示。

4. 土钉墙支护结构

土钉墙适用于地下水位低或经过降水措施使地下水位低于开挖层的具有一定粘结性的黏土、粉土、黄土类土及含有 30% 以上黏土颗粒的砂土边坡。土钉墙目前一般用于深度

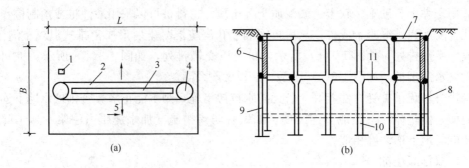

图 1-5　逆作法施工示意

（a）平面；（b）剖面

1—提升设备；2—通道；3—输送带；4—施工竖井；5—开挖方向；6—降水井；

7—施工缝；8—护坡墙；9—护坡桩；10—承重柱桩；11—梁板

或高度在 15m 以下的基坑，常用深度或高度为 6～12m。

土钉加固技术是在土体内放置一定长度和分布密度的土钉体，主动支护土体，并与土共同作用，不仅提高了土体整体刚度，而且弥补了土体抗拉强度和抗剪强度低的弱点。喷射混凝土在高压空气作用下，高速喷向钢筋网面，在喷层与土层间产生嵌固效应，钢筋网能调整喷层与土钉内应力分布，增大支护体系的柔性与整体性。通过相互作用，土体自身结构强度的潜力得到充分发挥，从而改善了边坡变形和破坏性状，显著提高了整体稳定性。

土钉墙支护工艺，可以先喷后锚，如图 1-6（a）所示；土质较好时，可以先锚后喷，如图 1-6（b）所示。土钉主要可分为钻孔注浆土钉和打入式土钉两类。

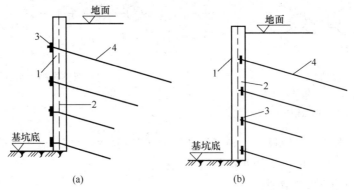

图 1-6　土钉墙支护工艺

（a）先喷后锚支护工艺；（b）先锚后喷支护工艺

1—喷射混凝土；2—钢筋网；3—土钉锚头；4—土钉

土钉墙支护结构施工设备较简单，施工时不需单独占用场地，施工快速，节省工期，与其他支护桩形式相比，费用较低，施工噪声和振动小。形成的土钉墙复合体，显著提高了边坡整体稳定性和承受坡顶超载的能力，并且土钉墙本身变形小，对邻近建筑物和地下管线影响不大。

5. 钢板桩支护

板桩作为一种支护结构，既挡土又防水。它可以使地下水在土中渗流的路线延长，降低水力坡度，阻止地下水渗入基坑内。板桩有木板桩、钢筋混凝土板桩、钢筋混凝土护坡桩、钢板桩和钢木混合桩式支护结构等数种。钢板桩除用钢量多之外，其他性能比别的板桩都优越，在临时工程中可多次重复使用，钢筋混凝土板桩一般不重复使用。

钢板桩是一种较传统的基坑支护方式，适用于软土、淤泥质土及地下水多地区，易于施工。钢板桩的形式有 U 形、Z 形及直腹型等，常用的是 U 形咬口式结构。锤击打入带锁口的钢板桩，使之在基坑四周闭合，并保证水平、垂直和抗渗质量。钢板桩做成悬臂式、坑内支撑、上部拉锚等支护方式，在土方开挖和基础施工时，抵抗板桩背后的水、土压力，达到基坑坑壁稳定的作用。但钢板桩间啮合不好，易渗水、涌砂。

6. 重力式挡墙结构

用各种方法（水泥土搅拌桩、高压喷射注浆桩、化学注浆桩等）加固基坑周边土，以形成一定厚度和深度的重力式墙，达到挡土的目的。目前最常用的是水泥土搅拌桩以格构形式组织的挡土墙，如图 1-7 所示。深层搅拌水泥土墙常用于软土地区加固地基，其加固深度一般

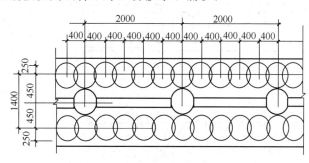

图 1-7 深层搅拌水泥土墙平面示意

为基坑开挖深度的 1.8～2.0 倍，适用于 4～8m 深的基坑、基槽。既可依靠自重和刚度进行挡土，又具有良好的抗渗透性能，起挡土、防渗双重作用。施工方便，无振动，无噪声。

高压喷射水泥注浆桩（化学注浆桩）适用于砂类土、黏性土、黄土和淤泥土，效果较好。密排桩可以紧密排列，也可中间分开 50～100mm，其间筑高压喷射水泥桩，如图 1-8 所示。高压喷射桩的直径应以与密排桩的圆相切设计。高压喷射桩的目的是起止水作用，以不让水渗入基坑内为原则。

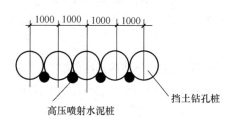

图 1-8 密排桩与高压喷射水泥桩示意

7. 地下连续墙支护结构

地下连续墙做围护墙，内设支撑体系所形成的支护结构是常见的一种支护形式。适用于黏性土、砂砾石土等多种土质条件，深度可达 50m。

地下连续墙是在地面上采用专门的挖槽机械，沿着深开挖工程的周边轴线，在泥浆护壁条件下，开挖一条狭长的深槽，清槽后在槽内吊放钢筋笼，然后用导管法浇筑水下混凝土，筑成一个单元槽段，如此逐段进行，在地下筑成一道连续的钢筋混凝土墙壁，作为截水、防渗、承重和挡土结构。地下连续墙按成槽方式分为壁板式和组合式。它可以施工成任意形状，单元槽段一般长 4～8m。其断面及连接接头形式如图 1-9 所示。

地下连续墙止水性好，能承受垂直荷载，刚度大，能承受土压力、水压力引起的水平荷载。它适用于密集建筑群中建造深基础，对相邻建筑物、构筑物的影响甚小。但是使用机械设备较多，造价较高，施工工艺技术较为复杂，泥浆配置要求高，质量要求严格，施工需具备一定的技术水平。

8. 结构中心筑岛法基坑支护

开挖较大、较深的基坑，板桩刚度不够，又不允许设置过多支撑时，可等支护结构完成后，在护坡桩内侧放坡，开挖中央部分土方至坑底，先浇筑好中央部分基础，再从这个

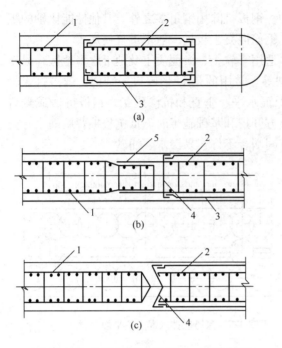

图 1-9　地下连续墙形式和施工（隔板接头）

(a) 平隔板；(b) 榫形隔板；(c) V 型隔板

1—在施槽段的钢筋笼；2—已浇混凝土槽段的钢筋笼；

3—化纤布；4—钢隔板；5—接头钢筋

基础向支护结构上方支斜撑，如图1-10所示。然后把放坡的土方逐层挖除、运出，直至设计深度。最后浇筑靠近支护结构部分的建筑物基础和地下结构，逐步取代斜撑，这种施工方法通常称为中心筑岛开挖法。可以与水平支撑方法合用，使用灵活、方便。充分利用预留坡面土的作用，节省支撑材料，施工简便。有地下构筑物时最适宜，可用于工程基础，如桩底板垫层等，但须分段施工。

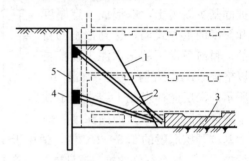

图 1-10　中心筑岛法基坑支护

1—坡面；2—斜撑；3—基础；4—托座；5—挡土墙

中心岛结构是主体地下结构中的一部分。先行施工完毕的这部分结构必须能临时独立存在，又不影响它在原主体地下结构设计中的受力状态，并必须保证反压土边坡有足够的范围。

留设的施工缝必须符合规范要求和设计要求，并且要采取必要的保证质量措施，确保以后地下主体结构的整体性。对有防水要求的部位，其施工缝处必须采取可靠的止水措施。

中心岛部分的土方开挖必须待围护墙的强度达到设计要求后才能进行。

中心筑岛法施工时必须采取必要的安全措施。基坑周边必须设置固定的防护栏杆；基坑内必须合理设置上下行人扶梯，扶梯结构宜尽可能采用平稳的踏步式；基坑内照明必须使用 36V 以下安全电压，线路必须有组织架设，否则影响施工；中心岛结构与坑外地面间须设置可靠的过人栈桥。

1.3　人工降排地下水

在地下水位较高的地区进行基础施工，降低地下水位是一项非常重要的技术措施。当基坑无支护结构防护时，通过降低地下水位，以保证基坑边坡稳定，防止地下水涌入坑内，阻止流砂现象发生。但此时的降水会将坑内外的局部水位同时降低，对基坑外周围建（构）筑物、道路及管线会造成不利影响，设计时应充分考虑。

当基坑有支护结构围护时，一般仅在基坑内降低地下水位。有支护结构围护的基坑，由于围护体的隔水效果较好，且隔水帷幕伸入透水性较差的土层有一定深度，在这种情况下的降水类似盆中抽水。实践表明，封闭式的基坑内降水到一定的时间后，在降水深度范围内的土体中，几乎无水可抽。此时降水的目的也已达到，既疏干了坑内的土体，改善了土方施工条件，又固结了基坑底的土体，有利于提高支护结构的安全度。根据施工及测试结果表明，降水效果好的基坑，其土的黏聚力和内摩擦角值可提高 25%～30%左右。

降水工程必须按《危险性较大的分部分项工程安全管理规定》执行。开挖深度超过3m（含 3m）或虽未超过 3m，但地质条件、周围环境和地下管线复杂，或影响毗邻建、构筑物安全的降水工程，属于危险性较大的分部分项工程范围。开挖深度超过 5m（含5m）的基坑（槽）的降水工程属于超过一定规模的危险性较大的分部分项工程范围。

在地下水位以下的含水丰富的土层中开挖大面积基坑时，采用一般的明沟排水方法，常会遇到大量地下涌水，难以排干；当遇粉、细砂层时，还可能出现严重的翻浆、冒泥、流砂等现象。不仅使基坑无法挖深，而且还会造成大量水土流失，使边坡失稳或附近地面出现塌陷，严重时还会影响邻近建筑物的安全。当遇有此种情况出现，一般应采用人工降低地下水位的方法施工。

1.3.1 地下水控制技术方案选择

（1）地下水控制应根据工程地质情况、基坑周边环境、支护结构形式选用截水、降水、集水明排或其组合的技术方案。

（2）在软土地区开挖深度浅时，可边开挖边用排水沟和集水井进行集水明排；当基坑开挖深度超过 3m，一般就要用井点降水。当因降水而危及基坑及周边环境安全时，宜采用截水或回灌方法。

（3）当基坑底为隔水层且层底作用有承压水时，应进行坑底突涌验算。必要时可采取水平封底隔渗或钻孔减压措施，保证坑底土层稳定，避免突涌的发生。

1.3.2 主要降水方法

1. 集水井（坑）降水

在基坑或沟槽开挖时，在坑底设置集水井（坑），并沿坑底四周或中央开挖排水沟，使水经排水沟流入集水井（坑）内，然后用水泵抽出坑外。抽出的水应予引开，以防倒流。它适用于基坑开挖深度不大的粗粒土层及渗水量小的黏性土层的施工。

2. 井点降水

井点降水就是在基坑开挖前，预先在基坑四周埋设一定数量的滤水管（井），利用抽水设备，在基坑开挖前和开挖过程中不断地抽出地下水，使地下水位降低到坑底以下，直至基础工程施工完毕为止。

井点降水的方法有轻型井点、喷射井点、电渗井点、管井井点及深井井点降水等。施工时应根据含水层土的类别及其渗透系数、要求的降水深度、工程特点、施工设备条件和施工期限等因素进行技术经济比较，选择适当的井点装置。

（1）轻型井点降水

轻型井点降水，是沿基坑周围以一定间距埋入井点管（下端为滤管）至蓄水层内，井点管上端通过弯连管与地面上水平铺设的集水总管相连接，利用真空原理，通过抽水设备将地下水从井点管内不断抽出，使原有地下水位降至坑底以下。轻型井点降水深度一般可达 7m。轻型井点是目前应用最广泛的一种降水方法。

（2）喷射井点降水

喷射井点设备主要由喷射井管、高压水泵（或空气压缩机）和管路系统组成。其降水深度一般为 8～20m。喷射井点用作深层降水，在粉土、极细砂和粉砂中较为适用。

（3）电渗井点降水

电渗井点降水一般与轻型井点降水或喷射井点降水结合使用，是指利用轻型井点或喷射井点管本身作为阴极，金属棒（钢筋、钢管、铝棒等）作为阳极，通入直流电（采用直流发电机或直流电焊机）后，带有负电荷的土粒即向阳极移动（即电泳作用），而带有正电荷的水则向阴极方向集中，产生电渗现象。在电渗与井点管内的真空双重作用下，强制黏土中的水由井点管快速排出，井点管连续抽水，从而地下水位渐渐降低。其降水深度要根据选用的井点确定。

对于渗透系数较小（小于 0.1m/d）的饱和黏土，特别是淤泥和淤泥质黏土，单纯利用井点系统的真空产生的抽吸作用，可能较难将水从土体中抽出排走，利用黏土的电渗现象和电泳作用特性，一方面加速土体固结，增加土体强度，另一方面也可以达到较好的降水效果。

（4）管井井点降水

管井井点降水是指沿基坑每隔一定距离设置一个管井或在坑内降水时每隔一定距离设置一个管井，每个管井单独用一台水泵不断抽取管井内的水来降低地下水位。管井井点降水具有排水量大、排水效果好、设备简单、易于维护等特点，降水深度达 3～5m，可代替多层轻型井点作用。

（5）深井井点降水

深井井点降水是指在深基坑的周围埋置深于基底的井管，通过设置在井管内的潜水电泵将地下水抽出，使地下水位低于坑底，深井井点适用于抽水量大、较深的砂类土层，降水深可达 50m 以内，由深井、井管和潜水水泵等组成。

这种方法具有不受吸程限制，排水效果好；井距大，对平面布置的干扰小；可用于各种情况，不受土层限制；成孔（打井）用人工或机械均可，较易于解决；井点制作、降水设备及操作工艺、维护均较简单，施工速度快；如果井点管采用钢管、塑料管，可以整根拔出、重复使用等优点；但一次性投资大，成孔质量要求严格；降水完毕，井管拔出较困难。该方法适用于渗透系数较大（10～250m/d），土质为砂类土，地下水丰富，降水深，面积大，时间长的情况，对在有流砂和重复挖填土方区使用，效果尤佳。

3. 截水

截水即利用截水帷幕切断基坑外的地下水流入基坑内部。截水帷幕的厚度应满足基坑防渗要求，截水帷幕的渗透系数宜小于 1.0×10^{-6} cm/s。

落底式竖向截水帷幕，应插入不透水层。当地下含水层渗透性较强、厚度较大时，可采用悬挂式竖向截水与坑内井点降水相结合或采用悬挂式竖向截水与水平封底相结合的方案。

截水帷幕目前常用的形式有注浆法、旋喷法、深层搅拌水泥土桩挡墙等。

4. 井点回灌技术

基坑开挖时，为保证挖掘部位地基土稳定，常用井点排水等方法降低地下水位。在降水的同时，由于挖掘部位地下水位的降低，导致其周围地区地下水位随之下降，使土层中因失水而产生压密，因而经常会引起邻近建（构）筑物、管线的不均匀沉降或开裂。为了防止这一情况的发生，通常采用设置井点回灌的方法。

井点回灌是在井点降水的同时，将抽出的地下水（或工业水），通过回灌井点持续地再灌入地基土层内，使降水井点的影响半径不超过回灌井点的范围。这样，回灌井点就形成一道隔水帷幕阻止回灌井点外侧的建筑物下的地下水流失，使地下水位基本保持不变，土层压力仍处于原始平衡状态，从而可有效地防止降水井点对周围建（构）筑物、地下管线等的影响。

1.3.3　降低地下水位的安全要求

（1）开挖低于地下水位的基坑（槽）、管沟和其他挖方时，应根据施工区域内的工程地质、水文地质资料、开挖范围和深度，以及防塌、防陷、防流砂的要求，分别选用集水坑降水、井点降水或两者结合降水等措施降低地下水位，施工期间应保证地下水位经常低于开挖底面 0.5m 以上。

（2）基坑顶四周地面应设置截水沟。坑壁（边坡）处如有阴沟或局部渗漏水时，应设法堵截或引出坡外，防止边坡受冲刷而坍塌。

（3）采用集水井（坑）降水时，应符合下列要求：

1）根据现场地质条件，应能保持开挖边坡的稳定。

2）集水井（坑）和排水沟一般应设在基础范围以外，防止地基土结构遭受破坏，大型基坑可在中间加设小支沟与边沟连通。

3）集水井（坑）应比排水沟、基坑底面深一些，以利于排水。

4）集水井（坑）深度以便于水泵抽水为宜，坑壁可用竹筐、钢筋网外加碎石过滤层等方法加以围护，防止堵塞抽水泵。

5）排泄从集水井（坑）抽出的泥水时，应符合环境保护要求。

6）边坡坡面上如有局部渗出地下水时，应在渗水处设置过滤层，防止土粒流失，并应设置排水沟，将水引出坡面。

7）土层中如有局部流砂现象，应采取防止措施。

（4）降水前，应考虑在降水影响范围内的已有建筑物和构筑物可能产生的附加沉降、位移或供水井水位下降，以及在岩溶土洞发育地区可能引起的地面塌陷，必要时应采取防护措施。在降水期间，应定期进行沉降和水位观测并作出记录。

（5）土方开挖前，必须保证一定的预抽水时间，一般真空井点不少于 7～10h，喷射井点或真空深井井点不少于 20h。

（6）井点降水设备的排水口应与坑边保持一定距离，防止排出的水回渗入坑内。

（7）在第一个管井井点或第一组轻型井点安装完毕后，应立即进行抽水试验，如不符合要求时，应根据试验结果对设计参数作适当调整。

（8）采用真空泵抽水时，管路系统应严密，确保无漏水或漏气现象，经试运转后，方可正式使用。

（9）降水深度必须考虑隔水帷幕的深度，防止产生管涌现象。

（10）降水过程必须与坑外观测井的监测密切配合，用观测数据来指导降水施工，避免隔水帷幕渗漏在降水过程中影响周围环境。

（11）坑外降水时，为减少井点降水对周围环境的影响，应采取在降水管与受保护对象之间设置回灌井点或回灌砂井、砂沟等措施。

（12）井点降水工作结束后所留的井孔，应立即用砂土（或其他代用材料）填实。对于穿过不透水层进入承压含水层的井管，拔除后应用黏土球衬封封死，杜绝井管位置发生管涌。如井孔位于建筑物或构筑物基础以下，且设计对地基有特殊要求时，应按设计要求回填。

（13）在地下水位高而采用板桩作支护结构的基坑内抽水时，应注意因板桩的变形、接缝不密或桩端处透水等原因而造成渗水量大的情况，必要时应采取有效措施堵截板桩的渗漏水，防止因抽水过多使板桩外的土随水流入板桩内，从而掏空板桩外原有建（构）筑物的地基，危及建（构）筑物的安全。

1.4 土 方 工 程 施 工

1.4.1 土方开挖

基坑土方开挖是基础工程施工一项重要的分项工程。当基坑有支护结构时，其开挖方案是支护结构设计必须考虑的一项重要措施。在某些情况下，开挖方案会决定设计的要求，是支护结构设计赖以计算的条件。也有支护结构设计先行完成，而对开挖方案提出一些限制条件。无论如何，一旦支护结构设计确定并已施工，基坑开挖必须符合支护结构设计的工况要求。

（1）挖土前根据安全技术交底了解地下管线、人防及其他构筑物情况和具体位置。地下构筑物外露时，必须进行加固保护。作业过程中应避开管线和构筑物。在现场电力、通信电缆2m范围内和现场燃气、热力、给水排水等管道1m范围内挖土时，必须在主管单位人员监护下采取人工开挖。

（2）在施工组织设计中，要有单项土方工程施工方案，施工准备、开挖方法、放坡、排水、边坡支护应根据有关规范要求进行设计，边坡支护要有设计计算书。

（3）开挖槽、坑、沟深度超过1.5m时，必须根据土质和深度情况按安全技术交底放坡或加可靠支撑。遇边坡不稳、有坍塌危险征兆时，必须立即撤离现场，并及时报告施工负责人采取安全可靠排险措施后，方可继续挖土。

（4）开挖深度不超过4.0m的基坑，当场地条件允许，并经验算能保证土坡稳定性时，可采用放坡开挖；开挖深度超过4.0m的基坑，有条件采用放坡开挖时，宜设置多级平台分层开挖，每级平台的宽度不宜小于1.5m。

（5）基坑开挖应严格按要求放坡，操作时应随时注意边坡的稳定情况，如发现有裂纹或部分塌落现象，要及时进行支撑或改缓放坡，并注意支撑的稳固和边坡的变化。

（6）放坡开挖的基坑，尚应符合下列要求：

1）坡顶或坑边不宜堆土或堆载，遇有不可避免的附加荷载时，稳定性验算应考虑附加荷载的影响。

2）基坑边坡必须经过验算，保证边坡稳定。

3）土方开挖应在降水达到要求后，采用分层开挖的方法施工，分层厚度不宜超过2.5m。

4）土质较差且施工期较长的基坑，边坡宜采用钢丝网水泥抹面或其他材料进行护坡。

5）放坡开挖应采取有效措施降低坑内水位和排除地表水，严禁地表水或基坑排出的水倒流渗回基坑。

（7）土方开挖的顺序、方法必须与设计工况一致，并遵循"开槽支撑、先撑后挖、分层开挖、严禁超挖"的原则。

（8）槽、坑、沟必须设置人员上下坡道或安全梯。严禁攀登固壁支撑上下，或直接从沟、坑边壁上挖洞攀登爬上或跳下。间歇时，不得在槽、坑坡脚下休息。

（9）人工开挖土方，操作人员之间要保持安全距离，一般两人横向间距不得小于2m，纵向间距不得小于3m。严禁掏洞挖土、搜底挖槽。

（10）挖土方前对周围环境要认真检查，不能在危险岩石或建筑物下面进行作业。

（11）槽、坑、沟边1m以内不得堆土、堆料、停置机具。堆土高度不得超过1.5m。槽、坑、沟与建筑物、构筑物的距离不得小于1.5m。开挖深度超过2m时，必须在周边设两道牢固护身栏杆，并立挂密目安全网。

（12）用挖土机施工时，挖土机的工作范围内，不得有人进行其他工作；多台机械开挖，挖土机间距应大于10m。挖土要自上而下，逐层进行，严禁进行先挖坡脚的危险作业。司机必须持证作业。

（13）机械挖土，应严格控制开挖面坡度和分层厚度，每层厚度宜控制在2～3m左右，防止边坡和挖土机下的土体滑动或工程桩被挤压位移。

（14）施工机械进场前必须经过验收，合格后方能使用。

（15）除设计允许外，挖土机械和车辆不得直接在支撑上行走操作。

（16）采用机械挖土方式时，严禁挖土机械碰撞支撑、立柱、井点管、围护墙和工程桩。

（17）挖土过程中遇有古墓、地下管道、电缆或其他不能辨认的异物和液体、气体时，应立即停止作业，并报告施工负责人，待查明处理后，再继续挖土。

（18）钢钎破冻土、坚硬土时，扶钎人应站在打锤人侧面用长把夹具扶钎，打锤范围内不得有其他人停留。锤顶应平整，锤头应安装牢固。钎子应直且不得有飞刺。打锤人不得戴手套。

（19）从槽、坑、沟中吊运土送至地面时，绳索、滑轮、钩子、箩筐等垂直运输设备、工具应完好牢固，起吊、垂直运送时，下方不得站人。

（20）采用机械挖土，坑底应保留200～300mm厚基土，用人工挖除整平，并防止坑底土体扰动。土方挖至设计标高后，立即浇筑垫层。

（21）配合机械挖土清理槽底作业时，严禁进入铲斗回转半径范围。必须待挖掘机停止作业后，方准进入铲斗回转半径范围内清土。

（22）为防止基坑底部土体被扰动，基坑挖好后要尽量减少暴露时间，及时进行下一道工序的施工。如不能立即进行下一道工序，要预留150～300mm厚覆盖土层，待基础施工时再挖去。

（23）基坑中有局部加深的电梯井、水池等，土方开挖前应对其边坡作必要的加固处理。

（24）夜间施工时，应合理安排施工项目，防止挖方超挖或铺填超厚。施工现场应根据需要安设照明设施，在危险地段应设置红灯警示。

（25）运土道路的坡度、转弯半径要符合有关安全规定。

（26）须设置支撑的基坑，土方开挖作业面及工作路线的设计应尽量考虑创造条件使某些系统的支撑结构能尽快形成受力体系，使其很快处于工作状态。

（27）土方开挖时，临近挡土结构处的土方不应卸载太快，防止挡墙一侧土压力释放太快使挡墙产生过大的变形。

（28）挖土机械在作业过程中，严格保护支护结构或监测点等其他技术措施的设施。

（29）弃土应及时运出，如需要临时堆土或留作回填土，堆土坡脚至坑边的距离应按挖坑深度、边坡坡度和土的类别确定，在边坡支护设计时应考虑堆土附加的侧压力。

1.4.2　土方回填

1. 土料要求与含水量控制

填方土料应符合设计要求，保证填方的强度和稳定性。一般不能选用淤泥、淤泥质土、膨胀土、有机质含量大于8%的土、水溶性硫酸盐含量大于5%的土、含水量不符合压实要求的黏性土。填方土应尽量采用同类土。土料含水量一般以手握成团、落地开花为适宜。在气候干燥时，须加速挖土、运土、平土和碾压过程，以减少土的水分散失。当填料为碎石类土（充填物为砂土）时，碾压前应充分洒水湿透，以提高压实效果。

2. 基底处理

（1）清除基底上的垃圾、草皮、树根、杂物，排除坑穴中积水、淤泥和种植土，将基底充分夯实和碾压密实。

（2）应采取措施防止地表滞水流入填方区，浸泡地基，造成基土下陷。

（3）当填土场地地面陡于1:5时，应先将斜坡挖成阶梯形，阶高为0.2~0.3m，阶宽大于1m，然后分层填土，以利于结合和防止滑动。

3. 土方填筑与压实

（1）填方的边坡坡度应根据填方高度、土的种类和其重要性确定。对使用时间较长的临时性填方边坡坡度，当填方高度小于10m时，可采用1:1.5；超过10m，可做成折线形，上部采用1:1.5，下部采用1:1.75。

（2）填土应从场地最低处开始，由下而上整个宽度分层铺填。每层虚铺厚度应根据夯实机械确定，一般情况下每层虚铺厚度及压实遍数见表1-2。

填土施工分层厚度及压实遍数　　　　　　　　表1-2

压实机具	分层厚度（mm）	每层压实遍数
平碾	250~300	6~8
振动压实机	250~350	3~4
柴油打夯机	200~250	3~4
人工打夯	<200	3~4

（3）填方应在相对两侧或周围同时进行回填和夯实。

（4）填土应尽量采用同类土填筑，填方的密实度要求和质量指标通常以压实系数 λ_c 表示。压实系数为土的控制（实际）干土密度 ρ_d 与最大干土密度 ρ_{dmax} 的比值。最大干土密度 ρ_{dmax} 是当最优含水量时，通过标准的压实方法确定的。填土应控制土的压实系数 λ_c 并满足设计要求。

1.5 基 坑 工 程 监 测

开挖深度大于等于 5m 或开挖深度小于 5m，但现场地质情况和周围环境较复杂的基坑工程以及其他需要检测的基坑工程，应实施基坑工程监测。

（1）基坑工程施工前，应由建设方委托具备相应资质的第三方对基坑工程实施现场检测。监测单位应编制监测方案，经建设方、设计方、监理方等认可后方可实施。

（2）监测单位应及时处理、分析监测数据，并将监测数据向建设方及相关单位作信息反馈。当监测数据达到监测报警值时，必须立即通报建设方及相关单位。

（3）基坑围护墙或基坑边坡顶部的水平和竖向位移监测点应沿基坑周边布置，周边中部、阳角处应布置监测点。监测点水平间距不宜大于 20m，每边监测点数不宜少于 3 个。水平和竖向监测点宜为共用点，监测点宜设置在围护墙或基坑坡顶上。

（4）基坑内采用深井井点降水时，水位监测点宜布置在基坑中央和两相邻降水井的中间部位；采用轻型井点、喷射井点降水时，水位监测点宜布置在基坑中央和周边拐角处。基坑外地下水位监测点应沿基坑、被保护对象的周边或在基坑与被保护对象之间布置，监测点间距宜为 20~50m。

（5）水位观测管管底的埋置深度应在最低水位或最低容许地下水位之下 3~5m。

（6）监测项目初始值应在相关施工工序之前测定，并取至少连续观测 3 次的稳定值的平均值。

（7）基坑围护墙（边坡）顶部、基坑周边管线、邻近建筑水平位移监测精度应根据其水平位移报警值按表 1-3 确定。

水平位移监测精度要求   表 1-3

水平位移报警值	累计值 D（mm）	$D<20$	$20{\leqslant}D<40$	$40{\leqslant}D{\leqslant}60$	$D>60$
	变化速率 v_D（mm/d）	$v_D<2$	$2{\leqslant}v_D<4$	$4{\leqslant}v_D{\leqslant}6$	$v_D>6$
监测点坐标中误差		≤0.3	≤1.0	≤1.5	≤3.0

（8）围护墙（边坡）顶部、立柱、基坑周边地表、管线和邻近建筑的竖向位移监测精度应根据其竖向位移报警值按表 1-4 确定。

竖向位移监测精度要求   表 1-4

竖向位移报警值	累计值 S（mm）	$S<20$	$20{\leqslant}S<40$	$40{\leqslant}S{\leqslant}60$	$S>60$
	变化速率 v_S（mm/d）	$v_S<2$	$2{\leqslant}v_S<4$	$4{\leqslant}v_S{\leqslant}6$	$v_S>6$
监测点坐标中误差		≤0.15	≤0.3	≤0.5	≤1.5

（9）地下水位量测精度不宜低于 10mm。

（10）基坑监测项目的监测频率应综合考虑基坑类别、基坑及地下工程的不同施工阶段，以及周边环境、自然条件的变化和当地经验确定。当出现下列情况之一时，应提高监测频率：

1）监测数据达到报警值。

2）监测数据变化较大或者速率加快。

3）存在勘察未发现的不良地质。

4）超深、超长开挖或未及时加撑等违反设计工况施工。

5）基坑附近地面荷载突然增大或超过设计限值。

6）周边地面突发较大沉降、不均匀沉降或出现严重开裂。

7）支护结构出现开裂。

8）邻近建筑突发较大沉降、不均匀沉降或出现严重开裂。

9）基坑及周边大量积水、长时间连续降雨、市政管道出现泄漏。

10）基坑底部、侧壁出现管涌、渗漏或流砂等现象。

11）基坑发生事故后重新组织施工。

12）出现其他影响基坑及周边环境安全的异常情况。

（11）基坑工程监测报警值应由监测项目的累计变化量和变化速率值共同控制。

1.6　基坑挖土和支护工程施工操作安全措施

1.6.1　基坑挖土操作的安全重点

（1）基坑开挖深度超过 2.0m 时，必须在边缘设两道护身栏杆，夜间加设红色标志。人员上下基坑应设坡道或爬梯。

（2）基坑边缘堆置土方或建筑材料，或沿挖方边缘移动运输工具和机械，应按施工组织设计要求进行。

（3）基坑开挖时，如发现边坡出现裂缝或不断掉土块时，施工人员应立即撤离操作地点，并应及时分析原因，采取有效措施处理。

（4）深基坑上下应先挖好阶梯或支撑靠梯，或开斜坡道，采取防滑措施，禁止踩踏支撑上下。坑边周围应设安全栏杆。

（5）人工吊运土方时，应检查起吊工具、绳索是否牢靠。吊斗下面不得站人，卸土堆应离开坑边一定距离，以防造成坑壁塌方。

（6）用胶轮车运土，应先平整好道路，并尽量采取单行道，以免来回碰撞；用翻斗车运土时，两车前后间距不得小于 10m；装土和卸土时，两车间距不得小于 1.0m。

（7）已挖完或部分挖完的基坑，在雨后或冬期解冻前，应仔细观察水质边坡情况，如发现异常情况，应及时处理或排除险情后方可继续施工。

（8）基坑开挖后应对围护排桩的桩间土体，根据不同情况，采用砌砖、插板、挂网喷（或抹）细石混凝土等处理方法进行保护，防止桩间土方坍塌伤人。

（9）支撑拆除前，应先安装好替代支撑系统。替代支撑的截面和布置应由设计计算确定。采用爆破法拆除混凝土支撑结构前，必须对周围环境和主体结构采取有效的安全防护措施。

（10）围护墙利用主体结构"换撑"时，主体结构的底板或楼板混凝土强度应达到设计强度的80%；在主体结构与围护墙之间应设置好可靠的换撑传力构造；在主体结构楼盖局部缺少部位，应在主体结构内的适当部位设置临时的支撑系统；支撑截面积应由计算确定；当主体结构的底板和楼板采取分块施工或设置后浇带时，应在分块或后浇带的适当部位设置传力构件。

1.6.2 机械挖土安全措施

（1）大型土方工程施工前，应编制土方开挖方案，绘制土方开挖图，确定开挖方式、路线、顺序、范围、边坡坡度、土方运输路线、堆放地点以及安全技术措施等，以保证挖掘、运输机械设备安全作业。

（2）机械挖方前，应对现场周围环境进行检查，对临近设施在施工中要加强沉降和位移观测。

（3）机械行驶道路应平整、坚实；必要时，底部应铺设枕木、钢板或路基箱垫道，防止作业时下陷；在饱和软土地段开挖土方时，应先降低地下水位，防止设备下陷或基土产生侧移。

（4）开挖边坡土方，严禁切割坡脚，以防边坡失稳；当山坡坡度陡于1/5或在软土地段，不得在挖方上侧堆土。

（5）机械挖土应分层进行，合理放坡，防止塌方、溜坡等造成机械倾翻、掩埋等事故。

（6）多台挖掘机在同一作用面机械开挖，挖掘机间距应大于10m；多台挖掘机在不同台阶同时开挖，应验算边坡稳定，上下台阶挖掘机前后应相距30m以上，挖掘机离下部边坡应有一定的安全距离，以防造成翻车事故。

（7）对边坡上的孤石、孤立土柱、易滑动危险土石体，在挖坡前必须清除，以防开挖时滑塌；施工中应经常检查挖方边坡的稳定性，及时清除悬置的土包和孤石，削坡施工时，坡底不得有人员或机械停留。

（8）挖掘机工作前，应检查油路和传动系统是否良好，操纵杆应置于空挡位置；工作时应处于水平位置，并将行走机械制动，工作范围内不得有人行走。挖掘机回转及行走时，应待铲斗离开地面，并使用慢速运转。往汽车上装土时，应待汽车停稳，驾驶员离开驾驶室，并应先鸣号后卸土。铲斗应尽量放低，不得碰撞汽车。挖掘机停止作业时，应放在稳固地点，铲斗应落地，放尽贮水，将操纵杆置于空挡位置，锁好车门。挖掘机转移工作地点时，应使用平板拖车。

（9）推土机起动前，应先检查油路及运转机构是否正常，操纵杆是否置于空挡位置。作业时，应将工作范围内的障碍物先予清除，非工作人员应远离作业区，先鸣号后作业。推土机上下坡应用低速行驶，上坡不得换挡，坡度不应超过25°；下坡不得脱挡滑行，坡度不应超过35°；在横坡上行驶时，横坡坡度不得超过10°，并不得在陡坡上转弯。填沟渠或驶近边坡时，推铲不得超出边坡边缘，并换好倒车挡后方可提升推铲进行倒车。推土机应停放在平坦稳固的安全地方，放净贮水将操纵杆置于空挡位置，锁好车门。推土机转移时，应使用平板拖车。

（10）铲运机起动前应先检查油路和传动系统是否良好，操纵杆应置于空挡位置。铲运机的开行道路应平坦，其宽度应大于机身 2m 以上。在坡地行走，上下坡度不得超过 25°，横坡不得超过 10°，铲斗与机身不正时，不得铲土。多台机在一个作业区作业时，前后距离不得小于 10m，左右距离不得小于 2m。铲运机上下坡道时，应低速行驶，不得中途换挡，下坡时严禁脱挡滑行。禁止在斜坡上转弯、倒车或停车。工作结束，应将铲运机停在平坦稳固地点，放净贮水将操纵杆置于空挡位置，锁好车门。

（11）在有支撑的基坑中挖土时，必须防止碰坏支撑，在坑沟边使用机械挖土时，应计算支撑强度，危险地段应加强支撑。

（12）机械施工区域禁止无关人员进入场地内。挖掘机工作回转半径范围内不得站人或进行其他作业。土石方爆破时，人员及机械设备应撤离危险区域。挖掘机、装载机卸土，应待整机停稳后进行，不得将铲斗从运输汽车驾驶室顶部越过；装土时任何人都不得停留在装土车上。

（13）挖掘机操作和汽车装土行驶要听从现场指挥，所有车辆必须严格按规定的开行路线行驶，防止撞车。

（14）挖掘机行走和自卸汽车卸土时，必须注意上空电线，不得在架空输电线路下工作；如在架空输电线一侧工作时，在 110～220kV 电压时，垂直安全距离为 2.5m；水平安全距离为 4～6m。

（15）夜间作业，机上及工作地点必须有充足的照明设施，在危险地段应设置明显的警示标志和护栏。

（16）冬期、雨期施工时，运输机械和行驶道路应采取防滑措施，以保证行车安全。

（17）遇六级以上大风或雷雨、大雾天时，各种挖掘机应停止作业，并将臂杆降至 30°～45°。

1.6.3　基坑支护工程施工安全技术

（1）基坑开挖应严格按支护设计要求进行。应熟悉围护结构撑锚系统的设计图纸，包括围护墙的类型、撑锚位置、标高及设置方法、顺序等设计要求。

（2）混凝土灌注桩、水泥土墙等支护应有 28d 以上龄期，达到设计要求时，方能进行基坑开挖。

（3）围护结构撑锚系统的安装和拆除顺序应与围护结构的设计工况相一致，以免出现变形过大、失稳、倒塌等安全事故。

（4）围护结构撑锚安装应遵循时空效应原理，根据地质条件采取相应的开挖、支护方式。一般竖向应严格遵守"分层开挖，先支撑后开挖"，撑锚与挖土密切配合，严禁超挖的原则。使土方挖到设计标高的区段内，能及时安装并发挥支撑作用。

（5）撑锚安装应采用开槽架设，在撑锚顶面需要运行施工机械时，撑锚顶面安装标高应低于坑内土面 20～30cm。钢支撑与基坑土之间的空隙应用粗砂土填实，并在挖土机或土方车辆的通道处铺设道板。钢结构支撑宜采用工具式接头，并配有计量千斤顶装置，并定期校验，使用中有异常现象应随时校验或更换。钢结构支撑安装应施加预应力。预应力控制值一般不应小于支撑设计轴向力的 50%，也不宜大于 75%。采用现浇混凝土支撑必须在混凝土强度达到设计值的80%以上，才能开挖支撑以下的土方。

（6）在基坑开挖时，应限制支护周围振动荷载的作用并做好机械上、下基坑坡道部位的支护。不得在挖土过程中碰撞支护结构，损坏支护背面截水帷幕。

（7）在挖土和撑锚过程中，应有专人作检查和监测，实行信息化施工，掌握围护结构的变形及变形速率以及其上边坡土体稳定情况，以及邻近建筑物、管线的变形情况。发现异常现象，应查清原因，采取安全技术措施进行认真处理。

1.7 顶 管 施 工

顶管施工就是非开挖施工方法，是一种不开挖或者少开挖的管道埋设施工技术。顶管施工就是在工作坑内借助于顶进设备产生的顶力，克服管道与周围土壤的摩擦力，将管道按设计的坡度顶入土中，并将土方运走。一节管子完成顶入土层之后，再下第二节管子继续顶进。其原理是借助于主顶液压缸及管道间、中继间等推力，把工具管或掘进机从工作坑内穿过土层一直推进到接收坑内吊起。

1.7.1 工程技术

非开挖工程技术彻底解决了管道埋设施工中对城市建筑物的破坏和道路交通的堵塞等难题，在稳定土层和环境保护方面凸显其优势。这对交通繁忙、人口密集、地面建筑物众多、地下管线复杂的城市是非常重要的，它将为城市创造一个洁净、舒适和美好的环境。

非开挖技术是近几年才开始频繁使用的一个术语，它涉及的是利用少开挖，即工作井与接收井要开挖，以及不开挖，即管道不开挖技术来进行地下管线的铺设或更换，顶管直径在800~4500mm。通过工作井把要埋设的管子顶入土内，一个工作井内的管子可在地下穿行1500m以上，并且还能曲线穿行，以绕开一些地下管线或障碍物。

它的技术要点在于纠正管子在地下延伸的偏差。特别适用于大中型管径的非开挖铺设。具有经济、高效，保护环境的综合功能。这种技术的优点是：不开挖地面；不拆迁，不破坏地面建筑物；不破坏环境；不影响管道的段差变形；省时、高效、安全，综合造价低。

1.7.2 工作原理

顶管施工是继盾构施工之后发展起来的一种地下管道施工方法，它不需要开挖面层，并且能够穿越公路、铁道、河川、地面建筑物、地下构筑物以及各种地下管线等。顶管施工借助于主顶液压缸及管道间、中继间等的推力，把工具管或掘进机从工作井内穿过土层一直推到接收井内吊起。与此同时，也就把紧随工具管或掘进机后的管道埋设在两井之间，以期实现非开挖敷设地下管道的施工方法。

1.7.3 分类

（1）按管口径大小分：大口径、中口径、小口径和微型顶管四种。大口径多指φ2m以上的顶管，人可以在其中直立行走。中口径顶管的管径多为1.2~1.8m，人在其中需弯腰行走，大多数顶管为中口径顶管。小口径顶管直径为 $500\sim1000\mathrm{mm}$，人只能在其中爬行，有时甚至爬行都比较困难。微型顶管的直径通常在 $400\mathrm{mm}$ 以下，最小的只有 $75\mathrm{mm}$。

（2）按一次顶进长度（顶进长度指顶进工作坑和接收工作坑的距离）分：分为普通距离顶管和长距离顶管。顶进距离长短的划分目前尚无明确规定，目前，千米以上的顶管已屡见不鲜，可把 $500\mathrm{m}$ 以上的顶管称为长距离顶管。

（3）按顶管机的类型分：分为手掘式人工顶管、挤压顶管、水射流顶管和机械顶管（泥水式、泥浆式、土压式、岩石式）。手掘式顶管的推进管前只是一个钢制的带刃口的管子（称为工具管），人在工具管内挖土。掘进机顶管的破土方式与盾构类似，也有机械式和半机械式之分。

（4）按管材分：分为钢筋混凝土顶管、钢管顶管以及其他管材的顶管。

（5）按管子轨迹的曲直分：分为直线顶管和曲线顶管。

1.7.4 施工工艺

（1）工作坑设置

工作坑的位置是按管线位置、地形、障碍物种类以及管道设计要求设置，排水管道顶进的工作坑通常设在检查井位置，以便顶管工作结束后工作坑砌筑成检查井。相邻工作坑的间距应按照每次能顶进的长度、土质情况来决定。首先安置仪器确定出管线的中心线。如果有必要，可在工作坑前后加补两点，这样方便施工中随时校核。然后按顺序放出工作坑的尺寸。

工作坑应横向垂直于管道的中心线，这样可确保在后续顶进过程中管道中心的走向。工作坑要有足够的工作面，应该按照每节管长度、管径大小、设备尺寸和顶管的方法来决定。

工作坑的开挖大小用下面的公式计算：

$$深度\ h=地面高程-设计底高程+基础及垫层厚度$$

宽度 $B=D_1+S$，其中 D_1 为管外径，S 为操作宽度；

长度 $L=L_1+L_2+L_3+L_4+L_5$，其中 L_1 为工作宽度，L_2 为管节长度，L_3 为运土工作的长度，L_4 为千斤顶长度，L_5 为后背墙厚度。

（2）顶管设备安装

1）导轨：应用钢质的材料制作，两个导轨应该安装得牢固、顺直、平行、等高。应采用装配式导轨，根据所测设的轴线高程安装，导轨定位之后必须稳固、正确，保证能在顶进过程中承受各种负载时不移位、不变形、不沉降。两根轨道一定要相互等高、平行，导轨的中心一定要经过复核，这样能确保顶进轴线的精度，导轨的坡度也要与设计管道坡度对应。在使用中需经常检查校核导轨，防止出现位移等情况。

2）千斤顶：在安装时应固定在支架上，而且要与管道中心垂线对称，这样其合力的作用点就在管道中心的垂线上。

3）油泵：要和千斤顶相匹配，而且要用备用油泵；在安装完成后进行试运转。如果顶进过程中油压突然增高时，这时应马上停止顶进，查找原因并且在处理之后才可以继续顶进。

4）顶铁：分块拼装式顶铁需要有足够的刚度，而且顶铁的相邻面需要相互垂直。安装后的顶铁轴线应该和管道轴线对称、平行，导轨和顶铁之间的接触面不能有油污、泥土。

在更换顶铁时，应先用大长度的顶铁，在拼装后需要锁定。在顶进时工作人员不能在顶铁上方和侧面停留，而且要随时观察顶铁是否出现异常。

在管口和顶铁之间采用缓冲材料衬垫，如果顶力接近管节材料的允许抗压强度，那么管口需要增加环形或 U 形顶铁。

5）起重设备：在正式作业前需要做试吊，查看制动性能与重物捆扎情况，禁止出现超负荷吊装情况。

（3）挖土与出土

管前挖土是保障管道上方建筑物安全与顶管质量的关键。如果用人工挖土，则需慎重把握管子的顶进方向。

挖土的时候工人需要在管内进行操作，防止塌方伤人，并且要注意不能扰动管道地基土层。挖土一次进尺深相当于顶铁活塞的一个行程，挖完以后应立即顶进，防止坍塌。

管道周围超挖通常限定在管道上方小于等于 15mm 处，这样可以减小顶进阻力；管道下方中 135°范围内不能超挖，但是可少挖 10mm 余留土层，在管子顶进时候切去，这样可确保土基和管道的接触良好；如果在不允许有下沉的地段（如重要建筑物、铁路下等），管道周围不能超挖；如果土层松软，可以把土层余留厚点，这样可防管子下沉。挖出来的土要及时清运到管外，当运土车到达工作坑内的出土区后，用垂直运输机械吊到工作平台，运送到工作棚外的堆土区。

（4）顶进

顶进程序：安装顶铁→开动油泵→顶铁活塞伸出一个行程→关油泵→活塞收缩→在空隙处加上顶铁→再开油泵，这样反复下去。千斤顶在工作坑内的布置方式分为并列、单列和环列等。

千斤顶的顶力合力位置必须与顶进抗力的位置在同一个轴线上。

顶进抗力就是土壁与管壁的摩擦阻力或管前端的切土阻力。千斤顶在管端面的着力点必须在管子垂直直径的 1/5～1/4 处。

安装顶铁的时候，应该顺直，绝对不可以出现偏扭现象。在第一节管节顶到挖土工作面的时候，需要进行一次测量，检查它的高程、坡度和轴线，确定无误时，才可开始挖土。第一节管顶进质量关系整个顶管工程的质量。

1.7.5 安全注意事项

（1）顶管前，根据地下顶管法施工技术要求，按实际情况，制定出符合规范、标准、规程的专项安全技术方案和措施。

（2）顶管后座安装时，如发现后背墙面不平或顶进时枕木压缩不均匀，必须调整加固后方可顶进。

（3）顶管工作坑采用机械挖上部土方时，现场应有专人指挥装车，堆土应符合有关规定，注意不得损坏任何构筑物和预埋立撑；工作坑如果采用混凝土灌注桩连续壁，应严格执行有关安全技术规程；工作坑四周或坑底必须要有排水设备及措施；工作坑内应设符合规定的和固定牢固的安全梯，下管作业的全过程中，工作坑内严禁有人。

（4）吊装顶铁或钢管时，严禁在把杆回转半径内停留；往工作坑内下管时，应穿保险钢丝绳，并缓慢地将管子送入导轨就位，以防止滑脱坠落或冲击导轨，同时坑下人员应站在安全角落。

（5）插管及止水盘处理必须符合操作规程要求，尤其应待工具管就位（应严格复测管子的中线和前、后端管底标高，确认合格后）并接长管子，水力机械、千斤顶、油泵车、高压水泵、压浆系统等设备全部运转正常后，方可开封插拔管顶进。

（6）垂直运输设备的操作人员，在作业前要对卷扬机等设备各部分进行安全检查，确认无异常后方可作业，作业时精力集中，服从指挥，严格执行卷扬机和起重作业有关的安全操作规定。

（7）安装后的导轨应牢固，不得在使用中产生位移，并应经常检查校核；两导轨应顺直、平行、等高，其纵坡应与管道设计坡度一致。

（8）在拼接管段前或因故障停顿时，应加强联系，及时通知工具管头部操作人员停止冲泥出土，防止由于冲吸过多造成塌方，并在长距离顶进过程中，应加强通风。

（9）当因吸泥莲蓬头堵塞、水力机械失效等原因，需要打开胸板上的清石孔进行处理时，必须采取防止冒顶塌方的安全措施。

（10）顶进过程中油泵操作工，应严格注意观察油泵车压力是否均匀渐增，若发现压力骤然上升，应立即停止顶进，待查明原因后方能继续顶进。

（11）管子的顶进或停止，应以工具管头部发出信号为准。遇到顶进系统发生故障或在拼管子前20min，即应发出信号给工具管头部的操作人员，引起注意。

（12）顶进过程中，一切操作人员不得在顶铁两侧操作，以防发生崩铁伤人事故。

（13）如顶进不是连续三班作业，在中班下班时，应保持工具管头部有足够多的土塞；若遇土质差，因地下水渗流可能造成塌方时，则应将工具管头部灌满以增大水压力。

（14）管道内的照明电信系统一般应采用低压电，每班顶管前电工要仔细地检查多种线路是否正常，确保安全施工。

（15）工具管中的纠偏千斤顶应绝缘良好，操作电动高压油泵应戴绝缘手套。

（16）顶进中应有防毒、防燃、防爆、防水淹的措施，顶进长度超50m时，应有预防缺氧、窒息的措施。

（17）氧气瓶与乙炔瓶（罐）不得进入坑内。

1.8 盾 构 施 工

1.8.1 盾构机

盾构机是开挖土砂围岩的主要机械，由切口环、支承环及盾尾三部分组成，以上三部分总称为盾构壳体。盾构的基本构造包括盾构壳体、推进系统、拼装系统三大部分。盾构的推进系统由液压设备和盾构千斤顶组成。

1.8.2 盾构机施工

（1）随着施工技术的不断革新与发展，盾构的种类也越来越多，目前在我国地下工程施工中主要有手掘式盾构、挤压式盾构、半机械式盾构、机械式盾构四大类。

（2）盾构施工前，必须进行地表环境调查、障碍物调查以及工程地质勘察，确保盾构施工过程中的安全生产。

（3）在盾构施工组织设计中，必须要有安全专项方案和措施，这是盾构设计方案中的关键。

（4）必须建立供、变电，照明，通信联络，隧道运输，通风，人行通道，给水和排水的安全管理及安全措施。

（5）必须有盾构进洞、盾构推进开挖、盾构出洞这三个盾构施工过程中的安全保护措施。

（6）在盾构法施工前，必须编制好应急预案，配备必要的急救物品和设备。

1.8.3 盾构机施工应注意的事项

（1）拼装盾构机的操作人员必须按顺序进行拼装，并对使用的起重索具逐一检查，确认可靠方可吊装。

（2）机械在运转中，须小心谨慎，严禁超负荷作业。发现盾构机械运转有异常或振动等现象，应立即停机作业。

（3）电缆头的拆除与装配，必须切断电源方可进行作业。

（4）操作盘的门严禁开着使用，防止触电事故。动力盘的接地线必须可靠，并经常检查，防止松动而发生事故。

（5）连续启动两台以上电动机时，必须在第一台电动机运转指示灯亮后，再启动下一台电动机。

（6）应定期对过滤器的指示器、油管、排放管等进行检查保养。

（7）开始作业时，应对盾构各部件、液压、油箱、千斤顶、电压等仔细检查，严格执行锁荷"均匀运转"。

（8）盾构出土皮带运输机，应设防护罩，并应专人负责。

（9）装配皮带运输机时，必须清扫干净，在制动开关周围，不得堆放障碍物，并有专人操作，检修时必须停机停电。

（10）利用蓄电瓶车牵行时，司机必须经培训持证驾驶；电瓶车与出土车的连接处，不准将手伸入；车辆牵引时，按照约定的哨声或警铃信号才能拖运。

（11）出土车应有指挥引车，严禁超载。在轨道终端，必须安装限位装置。

（12）门吊司机必须持证上岗，挂钩工对钢丝绳、吊钩要经常检查，不得使用不合格的吊索具，严禁超负荷吊运。

（13）盾构机头部应每天要检测可燃气体的浓度，做到预测、预防和序控工作，并做好记录台账。

（14）盾构内部的油回丝及零星可燃物要及时清除。对乙炔、氧气要加强管理，严格执行动火审批制度及动火监护工作。在气压盾构施工时，严禁将易燃、易爆物品带入气压施工区。

（15）在隧道工程施工中，采用冻结法地层加固时，必须以适当的观测方法测定温度，掌握地层的冻结状态，必须对附近的建筑物或地下埋设物及盾构隧道本身采取防护措施。

1.8.4 盾构施工进场和盾构进洞整个流程

盾构施工进场和盾构进洞整个流程如图 1-11 所示。

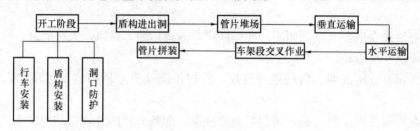

图 1-11 盾构施工进场和盾构进洞整个流程图

1. 盾构施工开工阶段

盾构法施工的开工阶段是指为盾构正式推进施工所做准备工作的时期，包括建设方交付施工场地后现场的隔离围护、现场生活区临时设施的搭建、施工现场的平面布局、行车设备的安装、盾构机的吊装安装就位、施工现场结构井的临边预留孔的防护、下进钢梯通道的安装等。

（1）行车安装作业

行车安装作业是指在施工现场地面安装起重机械的分项工程。主要内容包括行车安装合同的签订、安全生产协议的签订、安装方案的制定及审批、现场安装施工、安装完毕后的自行检查、报送相关的技术质量监督部门的自查报告并取得安全使用证。

行车安装是一项施工周期短、作业风险高的分部工程项目，在安装过程中对不安全因素、不安全行为、不安全状态作分析，制定对策和措施及控制要点。

（2）盾构安装作业

1）盾构安装作业是开工阶段的重要工序。它包括安装使用的大型起承设备的进场，工作井内盾构基座的安装，盾构部件的安装、拼装就位、盾构安装完毕后的调试工作等。

2）盾构安装是集起重吊装、焊接作业、设备调试为一体的综合性分部工程，它具有施工周期短、立体交错施工的特性，具有较高的施工风险，监控管理不力，会发生各类安全事故。因此，对盾构安装的安全管理具有一定的难度。在安装过程中的安全对策和监控措施一定要落实到位。

（3）洞口防护作业

洞口防护的范围包括行车轨道与结构井的临边缺口、拌浆施工区域的临边围护、结构井井口的防护、每一层结构井的临边围护、结构上中小型预留孔的围护。

结构施工单位向盾构施工单位移交施工场地后，大量的结构临边及预留孔都必须制作防护设施。在开工阶段，如不能及时将这些安全设施完善，将会留下很大的高处坠落事故隐患。因此，必须采取有效的保护措施，确保施工人员的安全。

2. 盾构进出洞作业

（1）盾构进出洞是作为整个工艺流程的起始和结束两个环节，其中包括盾构基座的安装、盾构机的就位、安装完毕后的验收、凿洞门脚手架的搭设、洞门的凿除、袜套的安装预留钢筋的割除、大型混凝土块的调运等。

（2）盾构进出洞都存在相当大的危险性。人机交错、立体施工的特性十分显著。整个施工作业环境处于一个整体的动态之中，蕴藏着土体盾构进出洞的不安全条件。因此，对策和监控措施必须落实到位。

3. 管片堆放作业

（1）地面管片堆放是为隧道井下盾构推进所做的重要准备工序，其中包括管片卸车、管片吊装堆放、涂料制作等工序。

（2）地面管片堆场施工主要涉及运输车辆进出工地可能发生车辆伤人事故，同时，重点防范的是管片在吊运过程中对施工人员的伤害。

（3）管片堆场要平稳，道路要畅通，堆放要规范，排水要畅通，有良好的照明措施，运输过程必须有专人指挥，安全警示标志清晰、有针对性。

4. 行车垂直运输作业

（1）行车垂直运输主要包括运用行车将盾构推进所需的施工材料吊运至井下，将井下的出土箱等重物吊至地面。垂直运输是盾构施工的重要工序。

（2）行车垂直运输是隧道盾构施工"两线一点"中的重要部分，行车设备及吊索具的损坏和不规范使用都会引起重大伤亡事故。同时，该部位是施工中运作最为频繁的区域，是人机交错、高风险事故发生的重要部位。

（3）行车必须有安全使用证，加强日常维修保养和检测，运行前必须对所有安全保险装置作一次检查，司机和指挥必须持证上岗，强化操作人员的安全意识，规范操作，确保安全。

5. 电机车水平运输作业

（1）电机车水平运输主要包括电机车通过水平运输系统（电机车轨道）将垂直运输的施工材料（管片、轨道、轨枕、油脂等）运输到盾构工作面，将盾构工作的出土箱运送到井口。水平运输是盾构施工的重要工序之一。

（2）水平运输线是盾构施工风险部位控制的重中之重，和垂直运输速度一样，由于施工频率高，势必造成盾构施工人机交错概率的提高。同时，由于地铁施工速度日益加快，也使电机车运输速度受到干扰。电机车水平运输在历年事故发生的类别中占有比重最大，机车设备隐患及人员操作失误是导致事故的主要原因。

（3）电机车轨道的轨距，轨枕木要经常测距检查，电机车做好维修保养，警示设备须完好，电机车操作人员持证上岗，使水平运输安全动态处在受控下施工。

6. 车架段交叉施工作业

（1）车架段交叉施工包括土箱的装土、管片的吊运、轨道轨枕的铺设、车架后部的人行隔离通道的制作、车架后部通风管理的敷设、电缆线的排放、电机车在车架内装卸施工材料、测量人员上下测量平台、车架内接轨作业、压浆作业等。

（2）车架段由于其空间狭窄、作业繁多，作业人员多的特性，注定了这一部位有相当大的危险性，这一部位必须加强监控管理。

（3）日常必须对车架内电机车轨道的行程限位装置、电机车车身下部的防飞车的滑行装置、车架上部的围护栏杆等检查，对车架上的高压电缆必须落实有效的隔离措施，同时设置警示标志，对过轨道的电源线落实穿孔过路等保护措施。

7. 管片拼装作业

（1）管片拼装是盾构施工的重要工序之一，它包括管片的运输吊装就位，举重臂的旋转拼装，管片链接件的安装，管片拼装环的拆除，千斤顶的靠拢，管片螺栓的紧固等。

（2）管片拼装是安全风险部位两线一点中的"一点"，该部位以往曾发生过教训深刻的事故。由于施工进度不断加快，安全措施不到位，管片拼装机的操作人员和拼装工高频率的配合，仅靠施工人员的反应来降低危险程度，管理比较被动。须消除拼装机械的不安全状态和拼装作业人员的不安全行为等，使施工作业在受控状态下进行。

（3）举重臂的制动装置，拼装机的警示设备，运输管片的单轨葫芦及双轨梁限位装置及制动装置，拼装平台、栏杆等必须日常例保检查、维修、保养，确保安全生产。

2 模板工程

本章要点：模板工程定义，模板的分类，模板使用的材料要求，模板工程的施工方案，模板工程施工的安全技术和拆模的安全技术要求等相关内容。

2.1　模　板　工　程　定　义

模板工程是使混凝土结构和结构件按所要求的几何尺寸和空间位置成型的模型板。一般模板通常包括：模板、支撑体系、紧固件三大部分。对模板的要求：要保证结构或结构形状和尺寸及相互位置的准确；其形状、尺寸及相互位置应该满足设计要求，且保证在混凝土浇筑后在允许偏差允许范围内；要有足够的强度、刚度和稳定性；能可靠地承受浇筑混凝土的重量、侧压力以及施工其他荷载，保证不出现严重变形、倾覆或失去稳定。

2.2　模　板　的　分　类

（1）按模板的搭拆方式不同，可分为固定式模板、移动式模板和永久式模板。

1）固定式模板是指一般常用的模板和支撑安装完毕后位置不变动，待所浇筑的混凝土达到规定强度标准值后，方可拆除的模板。

2）移动式模板是指模板和支撑安装完毕后，随混凝土浇筑而移动，直到混凝土结构全部浇筑完毕才可拆除的模板。

3）永久式模板是指模板在混凝土浇筑过程中及混凝土强度增长过程中起模板作用，在结构使用过程中与结构连成一个整体，不再拆除，成为结构组成的一部分。

（2）按模板的规格形式不同，可分为定型模板和非定型模板。

（3）按照模板所使用的材料不同，可分为木模板、钢模板、钢木模板、钢竹模板、胶合木模板、塑料模板、玻璃钢模板等。

1）钢木模板是以角钢为边框，以木板为面板的定型材料，其优点是可以充分利用断木料，并能多次重复使用。

2）胶合木模板是以胶合板为面板，角钢为边框的定型模板，克服了木材的不等方向性的缺点，受力性能好。这种模板具有强度高、自重小、不翘曲、不开裂及板幅大、接缝少的优点。

3）钢竹模板是以角钢为边框，以竹编胶合板为面板的定型模板。这种模板刚度较大，不易变形，质量轻，操作方便。

4）钢模板一般均做成定型模板，用连接构件拼装成各种形状和尺寸，适用于多种结构形式，在混凝土结构施工中被广泛应用。钢模板一次投资量大，但周转率高，在使用过程中应注意保管和维护，防止生锈以延长钢模板的使用寿命。

5）塑料模板、玻璃钢模板、铝合金模板具有质量轻、刚度大、拼装方便、周转率高的特点，但由于造价较高，在施工中尚未普遍使用。

（4）按照结构类型不同，可分为基础模板、柱模板、墙模板、梁和楼板模板等。

2.3　模板使用的材料要求

（1）模板结构的材料宜优先选用钢材，且宜采用 Q235 钢或 Q345 钢。

（2）模板结构采用的钢材应具有抗拉强度、伸长率、屈服强度和硫、磷含量的合格保证，对焊接结构尚应具有碳含量的合格保证。

（3）当模板结构工作温度不高于-20℃时，对 Q235 钢和 Q345 钢应具有 0℃ 冲击韧性的合格保证。

（4）焊接采用的材料应符合下列规定：

1）选择的焊条型号应与主体结构金属力学性能相适应。

2）当 Q235 钢和 Q345 钢相焊接时，宜采用与 Q235 钢相适应的焊条。

（5）连接件应符合下列规定：

1）普通螺栓除应符合现行国家标准《六角头螺栓 C 级》GB/T 5780 和《六角头螺栓》GB/T 5782 的规定外，其机械性能还应符合现行国家标准《紧固件机械性能 螺栓、螺钉和栓柱》GB/T 3098.1 的规定。

2）连接薄钢板或其他金属板采用的自攻螺钉应符合现行国家标准《紧固件机械性能 自钻自攻螺钉》GB/T 3098.11 或《紧固件机械性能 自攻螺钉》GB/T 3098.5 的规定。

（6）钢管扣件应使用可锻铸铁制造，其产品质量及规格应符合现行国家标准《钢管脚手架扣件》GB 15831 的规定。

2.4 模板工程的施工方案

（1）模板工程的施工方案必须经企业技术负责人审批。

（2）下列模板工程及支撑体系方案需要施工单位组织专家进行论证：

1）工具式模板工程：包括滑模、爬模、飞模、隧道模工程。

2）混凝土模板支撑工程：搭设高度 8m 及以上；搭设跨度 18m 及以上，施工总荷载（设计值）15kN/m² 及以上；集中线荷载（设计值）20kN/m² 及以上。

3）承重支撑体系：用于钢结构安装等满堂支撑体系，承受单点集中荷载 7kN 及以上。

（3）模板设计的主要内容：

1）绘制模板设计图，包括细部构造大样图和节点大样图，注明所选材料的规格、尺寸和连接方法。

2）绘制支撑系统的平面图和立面图，并注明间距及剪刀撑的设置。

3）根据施工条件确定荷载，并按所有可能产生的荷载中最不利组合验算模板整体结构和支撑系统的强度、刚度和稳定性，并有相应的计算书。

4）制定模板的制作、安装和拆除等施工程序、方法和安全措施。

2.5 模板工程施工的安全技术

2.5.1 一般规定

（1）模板运到现场后，应认真检查模板、支撑等构件和材料是否符合设计要求，钢模板有无严重锈蚀或变形，木模板及支撑材质是否合格。

（2）现场防护设施齐全。支模场地夯实平整，电源线绝缘、漏电保护装置齐全，切实做好模板垂直运输的安全施工准备工作。

（3）模板工程作业高度在 2m 和 2m 以上时，应根据高处作业安全技术规范的要求进行操作和防护，要有安全可靠的操作架子；在 4m 及 2 层以上操作时，周围应设安全网、防护栏杆。在临街及交通要道地区施工应设警示牌，避免伤及行人。

（4）操作人员上下通行，应通过马道、乘施工电梯或上人扶梯等，不准攀登模板或脚手架上下，不准在墙顶、独立梁及其他狭窄而又无防护栏的模板面上行走。

（5）基础及地下工程模板安装，必须检查基坑土壁边坡的稳定状况，基坑上口边沿 1m 以内不得堆放模板及材料。向槽（坑）内运送模板构件时，严禁抛掷。使用溜槽或起重机械运送，下方操作人员必须远离危险区域。

（6）在高处作业架子和平台上一般不宜堆放模板料。若需要短时间堆放，一定码放平稳，控制在架子或平台的允许荷载范围内。

（7）高处支模所用工具不用时要放在工具袋内，不能随意将工具、模板零件放在脚手架上，以免坠落伤人。

（8）雨期施工时，高耸结构的模板作业要安装避雷设施。冬期施工时，对操作地点和人行道的冰雪要事先清除掉，避免人员滑倒摔伤。5 级以上大风天气，不宜进行大模板拼装和吊装作业。

（9）在架空输电线路下进行模板施工，如果不能停电作业，应采取隔离防护措施，其安全操作距离应符合现行行业标准《施工现场临时用电安全技术规范》JGJ 46 的要求。

（10）夜间施工，照明电源电压不得超过 36V，在潮湿地点或易触及带电体场所，照明电源不得超过 24V。各种电源线应用绝缘线，且不允许直接固定在钢模板上。

（11）模板支撑不能固定在脚手架或门窗等不牢靠的临时物件上，避免发生倒塌或模板移位。

（12）模板安装过程中，不得间歇，柱头、搭头、立柱顶撑、拉杆等必须安装牢固成整体后，作业人员才允许离开。

（13）支设悬挑形式的模板时，应有稳定的立足点。支设临空构筑物模板时，应搭设支架。模板上有预留洞时，应在安装后将洞盖好。混凝土板拆模后形成的临边或洞口，应按规定进行防护。

（14）在模板上施工时，堆物不宜过多，不宜集中一处，大模板的堆放应有防倾措施。

2.5.2 模板的安装

1. 大模板工程

（1）大模板放置时，下面不得有电线和气焊管线。

（2）平模叠放运输时，垫木上下对齐，绑扎牢固，车上严禁坐人。

（3）大模板组装或拆除时，指挥、拆除和挂钩人员，应站在安全可靠的地方操作，严禁任何人员随大模板起吊，安装外模板的操作人员应系安全带。

（4）大模板应设操作平台、上下梯道、防护栏杆等设施。大模板安装就位后，为方便浇筑混凝土，两道墙模板平台间应搭设临时走道，严禁在外墙板上行走。

（5）模板安装就位后，应采取防止触电的保护措施，由专人将大模板串联起来，并同避雷网接通，防止漏电伤人。

（6）当风力达 5 级时，仅允许吊装 1~2 层模板和构件。风力超过 5 级，应停止吊装。

2. 现浇整体式模板工程

（1）支模应严格按工序进行，模板没有固定前，不得进行下道工序的施工。模板及其支撑系统在安装过程中必须设置临时固定设施，而且牢固可靠，严防倾覆。

（2）小钢模在运输传递过程中，要放稳接牢，防止倒塌或掉落伤人。

（3）使用吊装机械吊装单片柱模时，应采用卡环和柱模板连接，严禁用钢筋钩代替，以避免柱模板翻转时脱钩造成事故，待模板立后并拉好支撑，方可摘取卡环。

（4）严禁在模板的连接件和支撑件上攀登上下，严禁在同一垂直面上安装模板。

（5）支设高度在 3m 以上的柱模板和梁模板时，四周必须设牢固支撑，并应搭设操作平台，不足 3m 的，可使用马凳作业，不准站在柱模板上操作和在主梁底模上行走及立侧模，不准利用拉杆、支撑攀登上下。模板在 6m 以上不宜单独支模，应将几个柱子模板拉成整体。主柱超过 4m 时，不宜用工具式钢支柱，宜采用钢管式脚手架立柱或门式脚手架。若采用多层支架支模时，各层支架本身应成为整体空间结构，支架的层间垫块要平整，各层支架的立柱应垂直，上下层立柱应在同一条垂直线上。

（6）用钢管和扣件搭设双排立柱支架支承梁模时，扣件应拧紧，横杆步距按设计规定，严禁随意增大。

（7）墙模板在未安装对拉螺栓前，板面向后倾斜一定角度并撑牢，以防倒塌。安装过程中随时拆换支撑或增加支撑，以保持墙模处于稳定状态。模板未支撑稳固前不得松开卡环。

（8）平板模板安装就位时，在支架搭设稳固，板下横楞与支架连接牢固后进行。U型卡按设计规定安装，以增强整体性，确保模板结构安全，防止整体倒塌。

（9）上下层楼盖模板的支柱应在同一条垂直线上。底层支模地面应夯实平整，立柱下面垫通长垫板。冬季不能在冻土或潮湿地面上支立柱。

2.6　拆模的安全技术要求

（1）拆模必须满足拆模时所需混凝土强度，经工程技术领导同意，不得因拆模而影响工程质量。

（2）各类模板拆除的顺序和方法，应根据模板设计的规定进行，如无具体规定，应按照"先支的后拆，后支的先拆，先拆非承重的模板，后拆承重的模板和支架"的顺序进行拆除。

（3）拆模作业时，必须设置警戒区域，并派人监护，严禁下方有人进入。拆模必须拆除干净彻底，不得留有悬空模板。

（4）拆模高处作业，应配置登高用具或搭设支架，必要时应系安全带。模板拆除前，作业人员要事先检查所使用的工具是否完好牢固。

（5）拆模作业人员必须站在平稳、牢固可靠的地方，保持自身平衡，不得猛撬，以防失稳坠落。

（6）作业人员在拆除模板过程中，如发现已灌注混凝土有影响结构安全的质量问题时，应暂停拆除，报告施工员经过处理后方可继续拆除。

（7）拆除模板一般应采用长撬杠，严禁作业人员站在正在拆的模板上或在同一垂直面上拆除模板。

（8）严禁用吊车直接吊除没有撬松动的模板，吊运大型整体模板时必须拴结牢固，且吊点平衡，吊装、运大钢模时必须用卡环连接，就位后必须拉接牢固方可卸除吊环。

（9）拆除电梯井及大型孔洞模板时，下层必须支搭安全网等可靠防坠落措施。

（10）拆除高度在3m以上的模板时，应搭设脚手架或操作平台，并设防护栏杆。拆除时应逐块拆卸，不得成片松动、撬落和拉倒。严禁作业人员站在悬臂结构上面敲拆底模。

（11）在拆除用小钢模板支撑的顶板模板时，严禁将支柱全部拆除后，一次性拉拽拆除。已拆活动的模板，必须一次连续拆除完，方可停歇，严禁留下安全隐患。

（12）楼层高处拆下的材料，严禁向下抛掷。拆下的模板、拉杆、支撑等材料，必须边拆、边清、边运、边码垛。模板拆除后其临时堆放处离楼层边沿不应小于1m，堆放高度不得超过1m，楼层边口、通道口、脚手架边缘严禁堆放任何拆下的物件。

（13）模板拆除间隙应将已活动的模板、拉杆、支撑等固定牢固，严防突然掉落、倒塌等意外伤人。

3　脚手架工程

　　本章要点：脚手架的作用、分类、材质的要求，脚手架安全作业的基本要求，扣件式钢管脚手架安全要求，碗扣式钢管脚手架安全要求，门式钢管脚手架安全要求，附着升降脚手架，坡道安全要求，脚手架的检查与验收、拆除安全要求和专家论证要求等内容。

3.1 脚手架的作用

脚手架是建筑工程施工中必不可少的空中作业工具，无论结构施工还是室外装修施工，以及设备安装都需要根据操作要求搭设脚手架。

脚手架的主要作用：能堆放及运输一定数量的建筑材料；可以使施工作业人员在不同部位进行操作；保证施工作业人员在高空操作时的安全。

3.2 脚手架的分类

随着建筑施工技术的进步，脚手架的种类也越来越多。

3.2.1 按用途划分

（1）操作脚手架：为施工操作提供高处作业条件的脚手架，包括结构脚手架、装修脚手架。

（2）承重、支撑用脚手架：用于材料的运转、存放、支撑以及其他承载用途的脚手架，如卸料平台、模板支撑架和安装支撑架等。

3.2.2 按设置形式划分

（1）单排脚手架：只有一排立杆的脚手架，其横向水平杆的另一端搁置在墙体结构上。

（2）双排脚手架：具有两排立杆的脚手架。

（3）多排脚手架：具有三排以上立杆的脚手架。

（4）满堂脚手架：按施工作业范围满设的、两个方向各有三排以上立杆的脚手架。

（5）满高脚手架：按墙体或施工作业最大高度，由地面起满高度设置的脚手架。

（6）交圈（周边）脚手架：沿建筑物或作业范围周边设置并相互交圈连接的脚手架。

（7）特形脚手架：具有特殊平面和空间造型的脚手架，如用于烟囱、水塔、冷却塔以及其他平面为圆形、环形、"外方内圆"形、多边形和上扩、上缩等特殊形式的建筑施工脚手架。

3.2.3 按脚手架的支固方式划分

（1）落地式脚手架：搭设（支座）在地面、楼面、屋面或其他平台结构之上的脚手架。

（2）悬挑脚手架（简称"挑脚手架"）：采用悬挑方式支固的脚手架。

（3）附墙悬挂脚手架（简称"挂脚手架"）：在上部或（和）中部挂设于墙体挑挂件上的定型脚手架。

（4）附着升降脚手架（简称"爬架"）：附着于工程结构、依靠自身提升设备实现升降的悬空脚手架。

（5）水平移动脚手架：带行走装置的脚手架（段）或操作平台架。

3.2.4 按构架方式划分

（1）杆件组合式脚手架：俗称"多立杆式脚手架"，简称"杆组式脚手架"。

（2）框架组合式脚手架：简称"框组式脚手架"，即由简单的平面框架（如门架）与连接、撑拉杆件组合而成的脚手架，如门式钢管脚手架、梯式钢管脚手架等。

（3）格构件组合式脚手架，即由桁架梁和格构柱组合而成的脚手架，如桥式脚手架〔有提升（降）式和沿齿条爬升（降）式两种〕。

（4）台架：具有一定高度和操作平面的平台架，多为定型产品，其本身具有稳定的空间结构。可单独使用，或立拼增高与水平连接扩大，并常带有移动装置。

3.2.5 按脚手架平、立杆的连接方式分类

（1）承插式脚手架：在平杆与立杆之间采用承插连接的脚手架。常见的承插连接方式有插片和楔槽、插片和碗扣、套管和插头以及 U 型托挂等。

（2）扣件式脚手架：使用扣件箍紧连接的脚手架，即靠拧紧扣件螺栓所产生的摩擦力承担连接作用的脚手架。

此外，还可按脚手架杆件所用材料不同划分为木脚手架、竹脚手架、钢管或金属脚手架；按搭设位置划分为外脚手架和里脚手架；按使用对象或场合划分为高层建筑脚手架、烟囱脚手架、水塔脚手架。还有定型与非定型、多功能与单功能之分。

3.3　脚手架材质的要求

3.3.1 钢管

钢管脚手架采用外径 48.3mm，壁厚 3.6mm，无严重锈蚀、弯曲、压扁或裂纹的钢管。应有产品质量合格证，必须涂有防锈漆并严禁打孔。脚手架杆件不得钢、木混搭。

3.3.2 扣件

采用可锻铸铁或铸钢制作的扣件，其材质应符合现行国家标准《钢管脚手架扣件》GB 15831 的规定。新扣件必须有产品合格证。旧扣件使用前应进行质量检查，有裂缝、变形的严禁使用，出现滑丝的螺栓必须更换。不得使用钢丝和其他材料绑扎。

3.3.3 脚手板

脚手板可采用钢、木两种材料，每块质量不宜大于 30kg。

冲压新钢脚手板，必须有产品质量合格证。板长度为 1.5～3.6m，厚 2～3mm，肋高 50mm，宽 230～250mm，其表面锈蚀斑点直径不大于 5mm，并沿横截面方向不得多于 3 处。脚手板一端应压连接卡口，以便铺设时扣住另一块的端部，板面应冲有防滑圆孔。

木脚手板应采用杉木或松木制作，其长度为 2～6m，厚度不小于 50mm，宽 230～250mm，不得使用有腐朽、裂缝、斜纹及大横透节的板材。两端应设直径为 4mm 的镀锌钢丝箍两道。

3.3.4 安全网

平网宽度不得小于 3m，立网宽（高）度不得小于 1.2m，长度不得大于 6m，菱形或方形网目的安全网，其网目边长不得大于 8cm，必须使用锦纶、维纶、涤纶等材料，严禁使用损坏或腐朽的安全网和丙纶网。

密目式安全网的规格有两种：ML1.8m×6m 或 ML1.5m×6m。1.8m×6m 的密目网质量大于或等于 3kg。密目式安全网的目数为在网上任意一处的 10cm。10cm＝100m² 的面积上大于 2000 目且只准做立网使用。质量相同小于 2000 目（眼）的密目网或者是 800 目的安全网，只能用于防风、治沙、遮阳和水产养殖用。

3.4 脚手架安全作业的基本要求

（1）脚手架搭设或拆除人员必须由符合住房和城乡建设部《建筑施工特种作业人员管理规定》（建质［2008］75 号）规定，经考核合格，取得建筑架子工操作资格证书的人员担任。上岗人员应定期进行体检，凡不适合高处作业者不得上脚手架操作。

（2）搭拆脚手架时，操作人员必须戴安全帽、系安全带、穿防滑鞋。脚下应铺设必要数量的脚手板，并应铺设平稳，且不得有探头板。

（3）脚手架的搭拆必须制定施工方案和安全技术措施，进行安全技术交底。对涉及危险性较大的分部分项工程安全管理办法中规定的脚手架工程，专项方案应当由施工单位技术部门组织本单位施工技术、安全、质量等部门的专业技术人员进行审核。经审核合格的，由施工单位技术负责人签字。实行施工总承包的，专项方案应当由总承包单位技术负责人及相关专业承包单位技术负责人签字。不需专家论证的专项方案，经施工单位审核合格后报监理单位，由项目总监理工程师审核签字。超过一定规模的危险性较大的分部分项工程专项方案应当由施工单位组织召开专家论证会。实行施工总承包的，由施工总承包单位组织召开专家论证会。

（4）脚手架搭设前应清除障碍物、平整场地、夯实基土、做好排水措施，以保证地基具有足够的承载能力，避免脚手架整体或局部沉降失稳。

（5）脚手架搭设安装前应由施工负责人及技术、安全等有关人员先对基础等架体承重部位共同进行验收；搭设安装后应进行分段验收，特殊脚手架须由企业技术部门会同安全、施工管理部门验收合格后方可使用。验收要定量与定性相结合，验收合格后应在脚手架上悬挂合格牌，且在脚手架上明示使用单位、监护管理单位和责任人。施工阶段转换时，对脚手架重新实施验收手续。

未搭设完的脚手架，非架子工一律不准上架。

（6）作业层上的施工荷载应符合设计要求，不得超载。严禁在脚手架上拉缆风绳和固定、架设模板支架及混凝土泵送管等，严禁悬挂起重设备。

（7）脚手架搭设作业时，应按形成基本构架单元的要求逐排、逐跨和逐步地进行搭设。矩形周边脚手架宜从其中的一个角部开始向两个方向延伸搭设，确保已搭部分稳定。

（8）操作层必须设置 0.5～0.6m 和 1.0～1.2m 高的两道护身栏杆和 180mm 高的挡脚板，挡脚板应与立杆固定，并有一定的机械强度。

（9）临街搭设的脚手架外侧应有防护措施，以防坠物伤人。

（10）严禁在脚手架基础及邻近处进行挖掘作业。

（11）架上作业人员应佩戴工具袋，工具用后装于袋中，不要放在架子上，以免掉落伤人。应做好分工和配合，不要用力过猛，以免引起人身或杆件失衡。

（12）架设材料要随上随用，以免放置不当时掉落，可能发生伤人事故。

（13）在搭设作业进行中，地面上的配合人员应避开可能落物的区域。

（14）除搭设过程中必要的1～2步架的上下外，作业人员不得攀缘脚手架上下，应走房屋楼梯或另设安全人梯。

（15）在脚手架上进行电、气焊作业时，应有防火措施和专人看守。

（16）大雾及雨、雪天气和6级以上大风时，不得进行脚手架上的高处作业。雨、雪天后作业，必须采取安全防滑措施。

（17）搭拆脚手架时，地面应设围栏和警戒标志，排除作业障碍，并派专人看守，严禁非操作人员入内。

（18）工地临时用电线路架设及脚手架的接地、避雷措施，脚手架与架空输电线路的水平与垂直安全距离等应按现行行业标准《施工现场临时用电安全技术规范》JGJ 46的有关规定执行。钢管脚手架上安装照明灯时，电线不得接触脚手架，并要做绝缘处理。

3.5　扣件式钢管脚手架安全要求

3.5.1　一般要求

（1）扣件式钢管脚手架应由立杆（冲天），纵向水平杆（大横杆、顺水杆），横向水平杆（小横杆），剪刀撑（十字盖），抛撑（压栏子），纵、横扫地杆和拉结点等组成。脚手架必须有足够的强度、刚度和稳定性，在允许施工荷载作用下，确保不变形、不倾斜、不摇晃。

（2）根据专项施工方案和安全技术措施交底的要求，基础验收合格后，放线定位。

（3）单排脚手架搭设高度不应超过24m，双排脚手架搭设高度不宜超过50m。底层步距均不应大于2m。脚手架立杆顶端栏杆宜高出女儿墙上端1m，宜高出檐口上端1.5m。

（4）立杆应纵成线、横成方，垂直偏差不得大于架高的1/200。纵向水平杆宜设置在立杆内侧，其长度不宜小于3跨。横向水平杆位于纵向水平杆上。采用竹笆脚手板时，横向水平杆则在纵向水平杆的下部，采用直角扣件固定在立杆上。纵向水平杆应等间距设置，间距不应大于400mm。

（5）纵向水平杆应使用对接扣件连接或搭接，两根相邻纵向水平杆的接头不宜设置在同步或同跨内，不同步或不同跨的两个相邻接头水平方向错开的距离不应小于500mm；各接头中心至最近主节点的距离不宜大于纵距的1/3。搭接长度不应小于1m，等间距设置3个旋转扣件固定。端部扣件盖板的边缘至杆端距离不应小于100mm。

（6）主节点（纵向水平杆与立杆的交点处）处必须设置一根横向水平杆，用直角扣件扣接且严禁拆除。主节点处两个直角扣件的中心距不应大于150mm。作业层上非主节点处的横向水平杆，宜根据支承脚手板的需要等间距设置，最大间距不应大于纵距的1/2。横向水平杆伸出外立杆的端头应大于100mm。双排脚手架横向水平杆的靠墙一端至墙装饰面的距离不应大于 100mm。单排脚手架的横向水平杆的一端，应用直角扣件固定在纵向水平杆上，另一端应插入墙内，插入长度不应小于 180mm。

（7）脚手架必须设置纵、横向扫地杆。纵向扫地杆应采用直角扣件固定在距底座上皮不大于 200mm 处的立杆上。横向扫地杆亦应采用直角扣件固定在紧靠纵向扫地杆下方的立杆上。当立杆基础不在同一高度上时，必须将高处的纵向扫地杆向低处延长两跨与立杆固定，高低差不应大于 1m。靠边坡上方的立杆轴线到边坡的距离不应小于 500mm。

（8）单排、双排与满堂脚手架立杆接长除顶层顶步外，其余各层各步接头必须采用对接扣件连接。两根相邻立杆的接头不应设置在同步内，同步内隔一根立杆的两个相隔接头在竖直方向错开的距离不宜小于 500mm；各接头中心至最近主节点的距离不宜大于步距的 1/3。立杆接长应采用不少于 2 个旋转扣件固定，其余要求同纵向水平杆接长的规定。每根立杆底部宜设置底座或垫板。

（9）对高度在 24m 以下的单、双排脚手架，脚手架与在建建筑物拉结点宜采用刚性连墙件与建筑物可靠连接。严禁使用仅有拉筋的柔性连墙件，可采用双股 8 号钢丝或 φ6 钢筋与结构拉结牢固，并与顶撑配合使用的附墙连接方式。连墙件采用两步三跨或三步两跨布置，拉结点之间水平距离不大于 6m（高大架子 4.5m），垂直距离不应大于建筑物层高，并且不大于 4m。连墙件应从第一步大横杆处开始设置（内外立杆拉），拉结点偏离主节点的距离不应大于 300mm。高度超过 24m 的脚手架不得使用柔性材料进行拉结。

（10）双排脚手架应设剪刀撑与横向斜撑，单排脚手架应设剪刀撑。

每道剪刀撑跨越立杆的最多根数宜按表 3-1 的规定确定。每道剪刀撑宽度不应小于 4 跨，且不应小于 6m，斜杆与地面的倾角宜在 45°～60° 之间。高度在 24m 以下的单、双排脚手架，均必须在外侧两端、转角及中间间隔不大于 15m 的立面上，各设置一道剪刀撑，并由底至顶连续设置。高度在 24m 及以上的双排脚手架应在外侧全立面连续设置剪刀撑。剪刀撑斜杆的接长应采用对接或搭接，搭接要求同立杆搭接要求。剪刀撑斜杆应用旋转扣件固定在与之相交的横向水平杆的伸出端或立杆上，旋转扣件中心线至主节点的距离不宜大于 150mm。

剪刀撑跨越立杆的最多根数　　　　　　　　　　　　表 3-1

剪刀撑斜杆与地面的倾角	45°	50°	60°
剪刀撑跨越立杆的最多根数	7	6	5

横向斜撑应在同一节间，由底至顶层呈之字形连续布置。开口型双排脚手架的两端均必须设置横向斜撑。高度在 24m 以下的封闭型双排脚手架可不设横向斜撑；高度在 24m 以上的封闭型脚手架，除拐角应设置横向斜撑外，中间应每隔 6 跨设置一道。

（11）铺、翻脚手板

脚手板铺设于架子的作业层上。脚手板必须满铺、铺严、铺稳，不得有探头板和飞跳板。铺脚手板可对头或搭接铺设，对头铺脚手板，搭接处应设两根横向水平杆，外伸长度为 130～150mm 和不应大于 300mm。有门窗口的地方应设吊杆和支柱，吊杆间距超过 1.5m 时，必须增加支柱。搭接铺脚手板时，两块板端头的搭接长度应外伸不小于 100mm，合计不小于 200mm。作业层端部脚手板探头长度应取 150mm。

翻脚手板应两人操作，配合要协调，要按每档由里逐块向外翻，到最外一块时，站到邻近的脚手板把外边一块翻上去。翻、铺脚手板时必须系好安全带。脚手板翻板后，下层必须兜双层水平安全网兜底，作为防护层。施工层以下每隔 10m 应用安全网封闭。

（12）单、双排脚手架、悬挑式脚手架沿架体外围应用密目式安全网全封闭。密目式安全网宜设置在脚手架外立杆的内侧，并与架体绑扎牢固。用专用绑绳或塑料扎带，18 号镀锌铁丝固定，严禁用火烧丝固定。

（13）脚手架操作面外侧应设两道护身栏杆和一道 180mm 高挡脚板或设一道护身栏，立挂安全网，下口封严。防护高度为 1.2m，严禁用竹笆作脚手架。

（14）脚手架各杆件相交伸出的端头均应大于 10cm，以防止杆件滑脱。

（15）脚手架必须配合施工进度搭设，一次搭设高度不应超过相邻连墙件以上两步。每搭完一步脚手架后，应按规定校正步距、纵距、横距及立杆的垂直度。

（16）垫板应采用长度不少于 2 跨、厚度不小于 50mm、宽度不小 200mm 的木垫板。底座、垫板均应准确地放在定位线上。

（17）脚手架开始搭设立杆时，应每隔 6 跨设置一根抛撑，直至连墙件安装稳定后，方可根据情况拆除。连墙件、剪刀撑和横向斜撑应随立杆、纵向和横向水平杆等同步搭设，不得滞后安装。

（18）扣件螺栓拧紧力矩为 40～65N·m。对接扣件开口应朝上或朝内。各杆件端头伸出扣件盖板边缘长度不应小于 100mm。

（19）双排脚手架构造示意如图 3-1 所示。

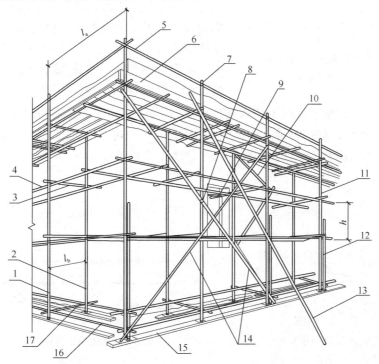

图 3-1 双排扣件式钢管脚手架各杆件位置

1—外立杆；2—内立杆；3—横向水平杆；4—纵向水平杆；5—栏杆；6—挡脚板；7—直角扣件；8—旋转扣件；9—连墙杆；10—横向斜撑；11—主立杆；12—副立杆；13—抛撑；14—剪刀撑；15—垫板；16—纵向扫地杆；17—横向扫地杆

3.5.2 型钢悬挑脚手架

（1）悬挑脚手架的搭设高度不宜超过 20m。

（2）型钢悬挑梁规范中推荐为双轴对称截面型钢。悬挑钢梁及锚固件按设计确定，钢梁截面高度不小于 160mm。悬挑梁尾端应有不少于两点和钢筋混凝土梁板结构拉结锚固，用于锚固型钢悬挑梁的 U 型钢筋拉环或锚固螺栓直径不宜小于 16mm。其构造如图 3-2 所示。

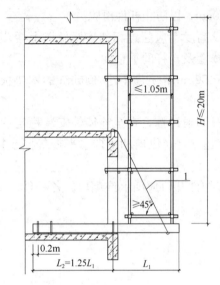

图 3-2　型钢悬挑脚手架构造
1—钢丝绳或钢拉杆

（3）U 型钢筋拉环或螺栓应采用冷弯成型，与型钢悬挑梁连接应紧固。U 型钢筋拉环、锚固螺栓与型钢间隙应用钢楔或硬木楔楔紧，螺栓应采用双螺母拧紧。严禁型钢悬挑梁晃动。

（4）每个型钢悬挑梁外端宜设置钢丝绳或钢拉杆与上一层建筑结构斜拉结，钢丝绳、钢拉杆作为附加安全措施，在悬挑钢梁受力计算时不考虑其作用。钢丝绳与建筑结构拉结的吊环应使用 HPB300 级钢筋，其直径不宜小于 20mm。钢丝绳直径不应小于 14mm，钢丝绳卡不得少于 3 个。

（5）悬挑钢梁悬挑长度按设计确定，固定段长度不应小于悬挑段长度的 1.25 倍。型钢悬挑梁固定端应采用 2 个（对）及以上 U 型钢筋拉环或锚固螺栓与梁板固定，U 型钢筋拉环或锚固螺栓应预埋至混凝土梁、板底层钢筋位置，并应与混凝土梁、板底层钢筋焊接或绑扎牢固，其锚固长度应符合现行国家标准《混凝土结构设计规范》GB 50010 中钢筋锚固的规定。其构造如图 3-3～图 3-5 所示。悬挑钢梁悬挑长度一般情况下不超过 2m，能满足施工需要，但在工程结构局部有可能满足不了使用要求，局部悬挑长度不宜超过 3m。

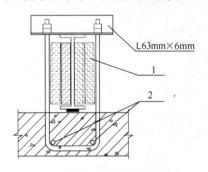

图 3-3　悬挑钢梁 U 型固定构造
1—木楔侧向楔紧；2—两根 1.5m 长
直径 18mm 的 HRB335 钢筋

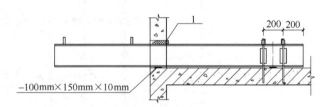

图 3-4　悬挑钢梁穿墙构造
1—木楔楔紧

（6）当型钢悬挑梁与建筑结构采用螺栓钢压板连接固定时，钢压板尺寸不应小于 100mm×10mm（宽×厚）；当采用螺栓角钢压板连接时，角钢的规格不应小于

$63\text{mm} \times 63\text{mm} \times 6\text{mm}$。

（7）型钢悬挑梁悬挑端应设置能使脚手架立杆与钢梁可靠固定的定位点，定位点离悬挑梁端部不应小于 100mm。

（8）锚固位置设置在楼板上时，楼板的厚度不宜小于 120mm。如果楼板的厚度小于 120mm，应采取加固措施。

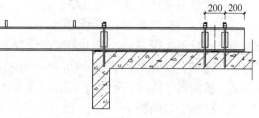

图 3-5　悬挑钢梁楼面构造

（9）悬挑钢梁支承点应设置在结构梁上，不得设置在外伸阳台上或悬挑板上。

（10）悬挑梁间距应按悬挑架架体立杆纵距设置，每一纵距设置一根。

（11）悬挑架的外立面剪刀撑应自下而上连续设置。剪刀撑与横向斜撑的设置符合规范构造要求的规定。

（12）锚固悬挑梁的主体结构混凝土实测强度等级不得低于 C20。

（13）悬挑架外侧立面采用密目安全网防护，底部及与结构间隙采用水平安全网加硬质防护。

3.5.3　满堂脚手架

（1）满堂脚手架的搭设高度不宜超过 36m；施工层不得超过一层。

（2）满堂脚手架的高宽比不宜大于 3。当高宽比大于 2 时，应在架体的四周和内部，水平间隔 6～9m、竖向间隔 4～6m 设置连墙件与建筑结构拉结，当无法设置连墙件时，应采取设置钢丝绳张拉固定等措施。

（3）满堂脚手架应在架体外侧四周及内部纵、横向每隔 6～8m 由底至顶设置连续竖向剪刀撑。当架体搭设高度在 8m 以下时，应在架顶部设置连续水平剪刀撑；当架体搭设高度在 8m 及以上时，应在架体底部、顶部及竖向间隔不超过 8m 分别设置连续水平剪刀撑，宽度应为 6～8m。水平剪刀撑宜在竖向剪刀撑斜杆相交平面设置。

（4）满堂脚手架的搭设构造规定和单、双排脚手架相同。

（5）满堂脚手架应设爬梯，踏步间距不得大于 300mm。

3.5.4　满堂支撑架

（1）满堂支撑架搭设高度不宜超过 30m。

（2）满堂支撑架的高宽比不应大于 3。当高宽比超过规范规定时，应在支架的四周和内部与建筑结构刚性连接，连墙件水平间距为 6～9m，竖向间距应为 2～3m；自顶层水平杆中心线至顶撑顶面的立杆段长度 a 不应超过 0.5m。

（3）满堂支撑架可分为普通型和加强型两种。

当架体沿外侧周边及内部纵、横向每隔 5～8m，设置由底至顶的连续竖向剪刀撑（宽度 5～8m），在竖向剪刀撑顶部交点平面，且水平剪刀撑距架体底平面或相邻水平剪刀撑的间距不超过 8m 时，定义为普通型满堂支撑架。

当连续竖向剪刀撑的间距不大于 5m，连续水平剪刀撑距架体底平面或相邻水平剪刀撑的间距不大于 6m 时，定义为加强型满堂支撑架。

当架体高度不超过 8m 且施工荷载不大时，扫地杆布置层可不设水平剪刀撑。

（4）加强型满堂支撑架剪刀撑设置：

当立杆纵、横间距为 0.9m×0.9m～1.2m×1.2m 时，在架体外侧周边及内部纵、横向每 4 跨（且不大于 5m），应由底至顶设置宽度为 4 跨的连续竖向剪刀撑。

当立杆纵、横间距为 0.6m×0.6m～0.9m×0.9m（含本身）时，在架体外侧周边及内部纵、横向每 5 跨（且不大于 3m），应由底至顶设置宽度为 5 跨的连续竖向剪刀撑。

当立杆纵、横间距为 0.4m×0.4m～0.6m×0.6m（含 0.4m）时，在架体外侧周边及内部纵、横向每 3～3.2m 应由底至顶设置宽度为 3～3.2m 的连续竖向剪刀撑。

在竖向剪刀撑架顶部交点平面和扫地杆层及竖向间隔不超过 6m 设置连续水平剪刀撑。宽度 3～5m。

（5）满堂支撑架的可调底座、可调托撑螺杆伸出长度不宜超过 300mm，插入立杆内的长度不得小于 150mm。满堂支撑架顶部可调托撑的螺杆外径不得小于 36mm，直径与螺距应符合现行国家标准《梯形螺纹》GB/T 5796 的规定；支托板厚不应小于 5mm，螺杆与支托板应焊牢，焊缝高度不得小于 6mm；螺杆与螺母旋合长度不得少于 5 扣，螺母厚度不得小于 30mm。

（6）满堂支撑架的搭设构造规定和单、双排脚手架相同。

（7）满堂支撑架在使用过程中，应设有专人监护施工。当出现异常情况时，应立即停止施工，并应迅速撤离作业面上人员。应在采取确保安全的措施后，查明原因，作出判断和处理。

（8）满堂支撑架顶部的实际荷载不得超过设计规定。

3.6　碗扣式钢管脚手架安全要求

3.6.1　一般要求

（1）脚手架及模板支架施工前必须编制专项施工方案，并经批准后方可实施。搭设前，施工管理人员据此对操作人员进行技术交底。

（2）脚手架基础必须按专项施工方案进行施工，按基础承载力要求进行验收。合格后，应按专项方案的设计进行放线定位。

（3）垫板宜采用长度不少于 2 跨，厚度不小于 50mm 的木垫板。底座和垫板应准确地放置在定位线上；底座的轴心线应与地面垂直。

（4）碗扣式钢管脚手架应从中间向两边搭设或两层同时按同一方向进行搭设，不得采用两边向中间合拢的方法搭设。

（5）双排脚手架首层立杆应采用不同的长度交错布置，底层纵、横向水平杆作为扫地杆距地面高度应不大于 350mm，施工中严禁拆除。立杆应配置可调底座或固定底座。

（6）立杆的碗扣节点应由上碗扣、下碗扣、横杆接头和上碗扣限位销等构成。如图3-6 所示。

（7）碗扣式钢管脚手架的底层组架最为关键，其组装的质量直接影响整架的质量，因此要严格控制搭设质量。当组装完两层横杆（即安装完第一步横杆）后，应进行下列检查：

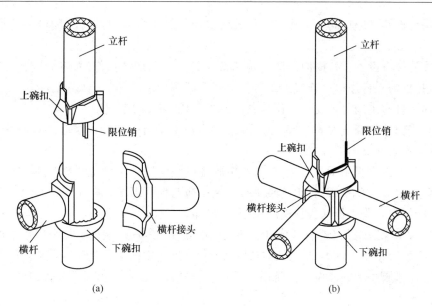

图 3-6 碗扣节点图

(a) 连接前；(b) 连接后

1) 检查并调整水平框架（同一水平面上的四根横杆）的直角度和纵向直线度（对曲线布置的脚手架应保证立杆的正确位置）。

2) 检查横杆的水平度，并通过调整立杆可调座使横杆间的水平偏差小于 $L/400$。

3) 逐个检查立杆底脚，并确保所有立杆不能有浮地松动现象。

4) 当底层架子符合搭设要求后，检查所有碗扣接头，并予以锁紧。

在搭设过程中，应随时注意检查上述内容，并调整。

(8) 双排脚手架专用外斜杆应设置在有纵横向横杆的碗扣节点上。在封闭的脚手架拐角处及一字形脚手架端部应设置竖向通高斜杆。设置应符合下列规定：

1) 当脚手架高度小于或等于 24m 时，每隔 5 跨设置一组竖向通高斜杆；脚手架高度大于 24m 时，每隔 3 跨设置一组竖向通高斜杆；斜杆必须对称设置。

2) 当斜杆临时拆除时，拆除前应在相邻立杆间设置相同数量的斜杆。

(9) 当采用钢管扣件做斜杆时应符合下列规定：

1) 斜杆应每步与立杆扣接，扣接点距碗扣节点的距离宜小于或等于 150mm；当出现不能与立杆扣接的情况时，也可采取与横杆扣接，扣件拧紧力矩为 40~65N·m。

2) 纵向斜杆应在全高方向设置成八字形且内外对称，斜杆间距不应大于 2 跨（图 3-7）。

(10) 连墙件的设置应符合下列规定：

1) 连墙件应呈水平设置，当不能呈水平设置时，与脚手架连接的一端应下斜连接。

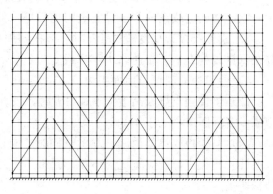

图 3-7 钢管扣件斜杆设置图

2）每层连墙杆应在同一平面，其位置应由建筑结构和风荷载计算确定，且水平间距应不大于4.5m。

3）连墙杆应设置在有横向横杆的碗扣节点处，采用钢管扣件做连墙件时，连墙件应采用直角扣件与立杆连接，连接点距碗扣节点距离应小于或等于150mm。

4）连墙杆应采用可承受拉、压荷载的刚性结构。连接应牢固可靠。

（11）当脚手架高度大于24m时，顶部24m以下所有的连墙件层必须设置水平斜杆。水平斜杆应设置在纵向横杆之下。

（12）工具式钢脚手板必须有挂钩，并带有自锁装置，与廊道横杆锁紧，严禁浮放。冲压钢脚手板、木脚手板、竹串片脚手板，两端应与横杆绑牢，作业层相邻两道廊道横杆间采加设间横杆，脚手板探头长度应小于150mm。

（13）脚手架搭设应按立杆、横杆、斜杆、连墙件的顺序逐层搭设，底层水平框架的纵向直线度应小于等于 $L/200$（L 为架体长度）架体长度；横杆水平度应小于等于 $L/400$。

（14）双排脚手架的搭设应分阶段进行，每段搭设后必须经检查验收后方可正式投入使用。

（15）脚手架的搭设应与建筑物的施工同步上升，并应高于作业面1.5m。

（16）双排脚手架高度 H 小于或等于30m时，垂直度偏差应小于或等于 $H/500$，当高度大于30m时，垂直度偏差应小于或等于 $H/1000$，

（17）脚手架内外侧加挑梁时，在一跨挑梁范围内只允许承受人行荷载，严禁堆放物料。

（18）连墙件必须随架子高度上升，及时在规定位置处设置，严禁任意拆除。

3.6.2 模板支撑架

（1）模板支撑架应根据所承受的荷载选择立杆的间距和步距。扫地杆设置同普通脚手架的要求。组配横杆及选择根据支撑高度选择组配立杆、托撑及可调底座。立杆上端包括可调螺杆，其伸出顶层水平杆的长度不得大于0.5m。

（2）模板支撑架的斜杆设置应符合下列要求：

1）当立杆间距大于1.5m时，应在拐角处设置通高专用斜杆，中间每排每列应设置通高八字形斜杆或剪刀撑。

2）当立杆间距小于或等于1.5m时，模板支撑架四周从底到顶连续设置竖向剪刀撑。中间纵、横向连续由底到顶设置竖向剪刀撑，其间距应小于或等于4.5m。

3）模板支撑架高度超过4m时，应在四周拐角处设置专用斜杆或四周设置八字斜杆，并在每排每列设置一组通高十字撑或专用斜杆。

4）剪刀撑的斜杆与地面夹角应在45°～60°之间，斜杆应每步与立杆扣接。

（3）当模板支撑架高度大于4.8m时，顶部和底部必须设置水平剪刀撑。中间水平剪刀撑设置间距应不大于4.8m。

（4）当模板支撑架周围有立体结构时，应设置连墙件。

（5）模板支撑架高宽比应不得超过2。若大于2，可采取扩大下部架体尺寸或采取其他构造措施。

3.7　门式钢管脚手架安全要求

门式钢管脚手架是以门架、交叉支撑、连接棒、挂扣式脚手板、锁臂、底座等组成基本结构，再以水平加固杆、剪刀撑、扫地杆加固，并采用连墙件与建筑物主体结构相连的一种定型化钢管脚手架，又称门式脚手架。

3.7.1　一般规定

配件应与门架配套，在不同架体结构组合工况下，均应使门架连接可靠、方便，不同型号的门架与配件严禁混合使用。

上下榀门架立杆应在同一轴线位置上，门架立杆轴线的对接偏差不应大于 2mm。

门式脚手架设置的交叉支撑应与门架立杆上的锁销锁牢，外侧应按步满设交叉支撑，内侧宜设置交叉支撑，当内侧不设交叉支撑时，应按步设置水平加固杆，当按步设置挂扣式脚手板或水平架时，可在内侧的门架立杆上每 2 步设置一道水平加固杆。

门式支撑架应按步在门架的两侧满设交叉支撑。

上下榀门架的组装必须设置连接棒，连接棒插入立杆的深度不应小于 30mm，连接棒与门架立杆的配合间隙不应大于 2mm。

门式脚手架上下榀门架间应设置锁臂。当采用插销式或弹销式连接棒时，可不设锁臂。

底部门架的立杆下端可设置固定底座或可调底座。可调底座和可调托座插入门架立杆的长度不应小于 150mm，调节螺杆伸出长度不应大于 200mm。

门式脚手架应设置水平加固杆，每道水平加固杆均应通长连续设置，且应靠近门架横杆设置，并应采用扣件与相关门架立杆扣紧。水平加固杆的接长应采用搭接，搭接长度不宜小于 1000mm，搭接处宜采用 2 个及以上旋转扣件扣紧。

门式脚手架应设置剪刀撑，剪刀撑斜杆的倾角应为 45°～60°，采用旋转扣件与门架立杆及相关杆件扣紧，每道剪刀撑的宽度不应大于 6 个跨距，且不应大于 9m，也不宜小于 4 个跨距，且不宜小于 6m，每道竖向剪刀撑均应由底至顶连续设置，剪刀撑斜杆的接长应采用搭接，搭接长度不宜小于 1000mm，搭接处宜采用 2 个及以上旋转扣件扣紧。

作业人员上下门式脚手架的斜梯宜采用挂扣式钢梯，并宜采用 Z 字形设置，一个梯段宜跨越 2 步或 3 步门架再行转折。当采用垂直挂梯时，应采用护圈式挂梯，并应设置安全锁。钢梯规格应与门架规格配套，并应与门架挂扣牢固。钢梯应设栏杆扶手和挡脚板。

水平架可由挂扣式脚手板或在门架两侧立杆上设置的水平加固杆代替。

当架上总荷载大于 3kN/m² 时，门式支撑架宜在顶部门架立杆上设置托座和楞梁，楞梁应具有足够的强度和刚度。当架上总荷载小于或等于 3kN/m² 时，门式支撑架可通过门架横杆承担和传递荷载。

3.7.2　门式作业脚手架

门式作业脚手架的搭设高度除应满足设计计算条件外，尚应满足《建筑施工门式钢管脚手架安全技术标准》JGJ/T 128 的规定。

当门式作业脚手架的内侧立杆离墙面净距大于150mm时，应采取内设挑架板或其他隔离防护的安全措施。

门式作业脚手架顶端防护栏杆宜高出女儿墙上端或檐口上端1.5m。

门式作业脚手架应在门架的横杆上挂扣水平架，水平架应在作业脚手架的顶层、连墙件设置层和洞口处顶部设置。当作业脚手架安全等级为Ⅰ级时，应沿作业脚手架高度每1步设置一道水平架；当作业脚手架安全等级为Ⅱ级时，应沿作业脚手架高度每2步设置一道水平架，每道水平架均应连续设置。

门式作业脚手架应在架体外侧的门架立杆上设置纵向水平加固杆，水平加固杆在架体的顶层、沿架体高度方向不超过4步设置一道，宜在有连墙件的水平层设置，在作业脚手架的转角处、开口型作业脚手架端部的两个跨距内，按步设置。

门式作业脚手架作业层应连续满铺挂扣式脚手板，并应有防止脚手板松动或脱落的措施。当脚手板上有孔洞时，孔洞的内切圆直径不应大于25mm。

门式作业脚手架外侧立面上剪刀撑的设置：当作业脚手架安全等级为Ⅰ级时，宜在作业脚手架的转角处、开口型端部及中间间隔不超过15m的外侧立面上各设置一道剪刀撑；当在作业脚手架的外侧立面上不设剪刀撑时，应沿架体高度方向每隔2~3步在门架内外立杆上分别设置一道水平加固杆；当作业脚手架安全等级为Ⅱ级时，门式作业脚手架外侧立面可不设置剪刀撑。

门式作业脚手架的底层门架下端应设置纵、横向扫地杆。纵向通长扫地杆应固定在距门架立杆底端不大于200m处的门架立杆上，横向扫地杆宜固定在紧靠纵向扫地杆下方的门架立杆上。

在建筑物的转角处，门式作业脚手架内外两侧立杆上应按步水平设置连接杆和斜撑杆，应将转角处的两榀门架连成一体，连接杆和斜撑杆应采用钢管，其规格应与水平加固杆相同，并应采用扣件与门架立杆或水平加固杆扣紧；当连接杆与水平加固杆平行时，连接杆的一端应采用不少于2个旋转扣件与平行的水平加固杆扣紧，另一端应采用扣件与垂直的水平加固杆扣紧。

门式作业脚手架应按设计计算和构造要求设置连墙件与建筑结构拉结，连墙件设置的位置和数量应按专项施工方案确定，并按确定的位置设置预埋件。连墙件应采用能承受压力和拉力的构造，并应与建筑结构和架体连接牢固，连墙件应从作业脚手架的首层首步开始设置，连墙点之上架体的悬臂高度不应超过2步，应在门式作业脚手架的转角处和开口型脚手架端部增设连墙件，连墙件的竖向间距不应大于建筑物的层高，且不应大于4.0m。连墙件的设置应满足计算和构造要求。连墙件宜水平设置，当不能水平设置时，与门式作业脚手架连接的一端应低于与建筑结构连接的一端，连墙杆的坡度宜小于1:3。

门式作业脚手架通道口高度不宜大于2个门架高度，对门式作业脚手架通道口应采取加固措施。当通道口宽度为一个门架跨距时，在通道口上方的内外侧应设置水平加固杆，水平加固杆应延伸至通道口两侧各一个门架跨距；当通道口宽度为多个门架跨距时，在通道口上方应设置托架梁，并应加强洞口两侧的门架立杆，托架梁及洞口两侧的加强杆应经专门设计和制作，同时应在通道口内上角设置斜撑杆。

3.7.3 悬挑脚手架

悬挑脚手架的悬挑支承结构应根据施工方案布设，其位置宜与门架立杆位置对应，每一跨距宜设置一根型钢悬挑梁，并应按确定的位置设置预埋件。

型钢悬挑梁锚固段长度不宜小于悬挑段长度的 1.25 倍，悬挑支承点应设置在建筑结构的梁板上，并应根据混凝土的实际强度进行承载能力验算，不得设置在外伸阳台或悬挑楼板上。型钢悬挑梁宜采用双轴对称截面的型钢，型钢截面型号应经设计确定。

对锚固型钢悬挑梁的楼板应进行设计验算，当承载力不能满足要求时，应采取在楼板内增配钢筋、对楼板进行反支撑等措施。

型钢悬挑梁的锚固段压点宜采用不少于 2 个（对）预埋 U 型钢筋拉环或螺栓固定，锚固位置的楼板厚度不应小于 100mm，混凝土强度不应低于 20MPa，U 型钢筋拉环或螺栓应埋设在梁板下排钢筋的上边，用于锚固 U 型钢筋拉环或螺栓的锚固钢筋应与结构钢筋焊接或绑扎牢固，其锚固长度应符合现行国家标准《混凝土结构设计规范》GB 50010 中钢筋锚固的规定。用于型钢悬挑梁锚固的 U 型钢筋拉环或螺栓应采用冷弯成型，钢筋直径不应小于 16mm。

当型钢悬挑梁与建筑结构采用螺栓钢压板连接固定时，钢压板宽厚尺寸不应小于 100mm×10mm，当压板采用角钢时角钢的规格不应小于 63mm×63mm×6mm。

型钢悬挑梁与 U 型钢筋拉环或螺栓连接应紧固。当采用钢筋拉环连接时，应采用钢楔或硬木楔塞紧，当采用螺栓钢压板连接时，应采用双螺母拧紧。

悬挑脚手架底层门架立杆与型钢悬挑梁应可靠连接，门架立杆不得滑动或窜动。型钢梁上应设置定位销，定位销的直径不应小于 30mm，长度不应小于 100mm，并应与型钢梁焊接牢固。门架立杆插入定位销后与门架立杆的间隙不宜大于 3mm。

悬挑脚手架的底层门架立杆上应设置纵向通长扫地杆，并应在脚手架的转角处、开口处和中间间隔不超过 15m 的底层门架上各设置一道单跨距的水平剪刀撑，剪刀撑斜杆应与门架立杆底部扣紧。

在建筑平面转角处，型钢悬挑梁应经单独设计后设置，架体应按标准设置水平连接杆和斜撑杆。

每个型钢悬挑梁外端宜设置钢拉杆或钢丝绳与上部建筑结构斜拉结。悬挑脚手架在底层应满铺脚手板，并应将脚手板固定。

3.7.4 门式支撑架

门式支撑架的搭设高度、门架跨距、门架列距应根据施工现场条件等因素经计算确定，并应符合标准的要求。

满堂作业架的水平加固杆设置：平行于门架平面的水平加固杆应在架体顶部和沿高度方向不大于 4 步、在架体外侧和水平方向间隔不大于 4 个跨距各设置一道；垂直于门架平面的水平加固杆应在架体顶部和沿高度方向不大于 4 步、在架体外侧和水平方向间隔不大于 4 个列距各设置一道。

满堂支撑架的水平加固杆设置：安全等级为 I 级的满堂支撑架，平行于门架平面的水平加固杆应在架体顶部和沿高度方向不大于 2 步、在架体外侧和水平方向间隔不大于 2 个跨距各设置一道，垂直于门架平面的水平加固杆应在架体顶部和沿高度方向不大于2步、在架体外侧和水平方向间隔不大于2个列距各设置一道；安全等级为Ⅱ级的满堂支撑架，水平加固杆应符合满堂作业架的水平加固杆的设置要求。满堂支撑架水平加固杆的端部宜设置连墙件与建筑结构连接。

满堂作业架剪刀撑的设置：安全等级为Ⅰ级的满堂作业架，平行于门架平面的竖向剪刀撑应在架体外侧和水平间隔不大于4个跨距各设置一道，每道剪刀撑的宽度宜为4个列距，沿门架平面方向的间隔距离不宜大于4个列距，垂直于门架平面的竖向剪刀撑应在架体外侧每隔4个跨距各设置一道，每道剪刀撑的宽度宜为4个跨距；安全等级为Ⅱ级的满堂作业架，竖向剪刀撑应按水平剪刀撑应在架体的顶部和沿高度方向间隔不大于4步连续设置，其相邻斜杆的水平距离宜为10～12m。

满堂支撑架剪刀撑的设置：安全等级为Ⅰ级的满堂支撑架，平行于门架平面的竖向剪刀撑应在架体外侧和水平间隔不大于4个跨距各设置一道，每道竖向剪刀撑均应连续设置，垂直于门架平面的竖向剪刀撑应在架体外侧和水平间隔不大于4个列距各设置一道，每道竖向剪刀撑的宽度宜为4个跨距，沿垂直于门架平面方向的间隔距离不宜大于4个跨距；安全等级为Ⅱ级的满堂支撑架，竖向剪刀撑设置应按满堂作业架平行于门架平面的竖向剪刀撑的要求设置。水平剪刀撑应在架体的顶部和沿高度方向间隔不大于4步连续设置，其相邻斜杆的水平距离宜为6～10m。

在门式支撑架的底层门架立杆上应分别设置纵横向通长扫地杆，并应采用扣件与门架立杆扣紧。

门式支撑架应设置水平架对架体进行纵向拉结，满堂作业架应在架体顶部及沿高度方向间隔不大于4步的每榀门架上连续设置。满堂支撑架的水平架，安全等级为Ⅰ级的应在架体顶部及沿高度方向间隔不大于2步的每榀门架上连续设置，安全等级为Ⅱ级的应在架体顶部及沿高度方向间隔不大于4步的每榀门架上连续设置。

对于高宽比大于2的门式支撑架，宜采取设置缆风绳或连墙件等有效措施防止架体倾覆，缆风绳或连墙件在架体外侧周边水平间距不宜超过8m、竖向间距不宜超过4步设置一处；宜与竖向剪刀撑或水平加固杆的位置对应设置，当满堂支撑架按标准要求设置了连墙件时，架体可不采取其他防倾覆措施。

满堂作业架顶部作业平台应满铺脚手板，并应采用可靠的连接方式固定。作业平台上的孔洞应按现行行业标准《建筑施工高处作业安全技术规范》JGJ 80的规定防护。作业平台周边应设置栏杆和挡脚板。

当门式支撑架中间设置通道口时，通道口底层门架可不设垂直通道方向的水平加固杆和扫地杆，通道口上部两侧应设置斜撑杆，并应按现行行业标准《建筑施工高处作业安全技术规范》JGJ 80的规定在通道口上部设置防护层。

门式支撑架宜采用调节架、可调底座和可调托座调整高度。底座和托座与门架立杆轴线的偏差不应大于2.0mm。

用于支承混凝土梁模板的门式支撑架，门架可采用平行或垂直于梁轴线的布置方式。当混凝土梁的模板门式支撑架高度较高或荷载较大时，门架可采用复式的布置方式。

混凝土梁板类结构的模板满堂支撑架，应按梁板结构分别设计。板支撑架跨距（或列距）宜为梁支撑架跨距（或列距）的倍数，梁下横向水平加固杆应伸入板支撑架内不少于

2 根门架立杆，并应与板下门架立杆扣紧。

3.7.5 移动门式作业架

用于装饰装修、维修和设备管道安装的可移动门式作业架搭设高度不宜超过 8m，高宽比不应大于 3∶1，施工荷载不应大于 1.5kN/m²。

移动门式作业架在门架平面内方向门架列距不应大于 1.8m，架体宜搭设成方形结构，当搭设成矩形结构时，长短边之比不宜大于 3∶2。

移动门式作业架应按步在每个门架的两根立杆上分别设置纵、横向水平加固杆，应在底部门架立杆上设置纵、横向扫地杆。

移动门式作业架应在外侧周边、内部纵、横向间隔不大于 4m 连续设置竖向剪刀撑，应在顶层、扫地杆设置处和竖向间隔不超过 2 步分别设置一道水平剪刀撑。

当架体的高宽比大于 2 时，在移动就位后使用前应设抛撑。

架体上应设置供施工人员上下架体使用的爬梯。架体顶部作业平台应满铺脚手板，周边应设防护栏杆和挡脚板。架体应设有万向轮。在架体移动时，应有架体同步移动控制措施。在架体使用时，应有防止架体移动的固定措施。

3.7.6 地基

根据不同地基土质和搭设高度条件，门式脚手架的地基应符合现行行业标准《建筑施工门式钢管脚手架安全技术标准》JGJ/T 128 的规定。搭设场地应平整坚实，回填土应分层回填，逐层夯实，场地排水应顺畅，不应有积水。地面标高宜高于自然地坪标高 50～100mm。当门式脚手架搭设在楼面等建筑结构上时，门架立杆下宜铺设垫板。

3.8　附着升降脚手架

附着升降脚手架是指采用各种形式的架体结构及附着支承结构，依靠设置于架体上或工程结构上的专用升降设备实现升降的施工外脚手架。主要适用于高层、超高层建筑物或构筑物。

附着升降脚手架架体的组成结构，一般由架体竖向主框架、架体水平梁架和架体构架三部分组成。

3.8.1 分类

按附着支承形式可分为：①导轨式（附着支承、防倾共用导轨的附着支承形式）；②导座式（附着支承、导向共用支座的附着支承形式）；③套框式（附着主框架和套框架的附着支承形式）；④吊拉式（附着挑梁和斜拉杆、防倾导轨单设的附着支承形式）；⑤吊轨式（附着挑梁和斜拉杆，防倾导轨固定于挑梁上的附着支承形式）；⑥挑轨式（附着带导轨挑梁的附着支承形式）；⑦套轨式（附着主、套框导座的附着支承形式）；⑧吊套式（附着带斜拉杆主、套框的附着支承形式）；⑨锚轨式（拉结锚固带防倾导轨的附着支承形式）。

按动力形式可分为：①手动（采用手拉环链捯链）；②电动（采用电动环链捯链）；③

卷扬（采用电动卷扬设备）；④液压（采用液压动力设备）。

3.8.2　构造与装置

（1）附着升降脚手架的架体尺寸应符合以下规定：

1）架体高度不应大于 5 倍楼层高。

2）架体宽度不应大于 1.2m。

3）直线布置的架体支承跨度不应大于 7m；折线或曲线布置的架体支承跨度不应大于 5.4m。

4）整体式附着升降脚手架架体的悬挑长度不得大于 1/2 水平支承跨度和 2m；单片式附着升降脚手架架体的悬挑长度不应大于 1/4 水平支承跨度。

5）升降和使用工况下，架体悬臂高度均不应大于 6.0m 和 2/5 架体高度。

6）架体全高与支承跨度的乘积不应大于 110m。

（2）架体结构在以下部位应采取可靠的加强构造措施：

1）与附着支承结构的连接处。

2）架体上升降机构的设置处。

3）架体上防倾、防坠装置的设置处。

4）架体吊拉点设置处。

5）架体平面的转角处。

6）架体因碰到塔式起重机、施工电梯、物料平台等设施而需要断开或开洞处。

7）其他有加强要求的部位。

（3）附着支承结构必须满足附着升降脚手架在各种工况下的支承、防倾和防坠落的承力要求，其设置和构造应符合以下规定：

1）附着支承结构采用普通穿墙螺栓与工程结构连接时，应采用双螺母固定，螺杆露出螺母应不少于 3 扣，并不得小于 10mm。垫板尺寸应设计确定，且不得小于 80mm×80mm×8mm。

2）当附着点采用单根穿墙螺栓锚固时，应具有防止扭转的措施。

3）附着构造应具有对施工误差的调整功能，以避免出现过大的安装应力和变形。

4）位于建筑物凸出或凹进结构处的附着支承结构应单独进行设计，确保相应工程结构和附着支承结构的安全。

5）对附着支承结构与工程结构连接处混凝土的强度要求应按计算确定，并不得小于 C10。

6）在升降和使用工况下，确保每一架体竖向主框架能够单独承受该跨全部设计荷载和倾覆作用的附着支承构造均不得少于 2 套。

（4）附着升降脚手架的防坠装置必须符合以下要求：

1）防坠装置应设置在竖向主框架部位，且每一竖向主框架提升设备处必须设置一个。

2）防坠装置必须灵敏、可靠，其制动距离对于整体式附着升降脚手架不得大于 80mm，对于单片式附着升降脚手架不得大于 150mm。

3）防坠装置应有专门详细的检查方法和管理措施，以确保其工作可靠、有效。

4）防坠装置与提升设备必须分别设置在两套附着支承结构上，若有一套失效，另一套必须能独立承担全部坠落荷载。

（5）附着升降脚手架的安全防护措施应满足以下要求：

1）架体外侧必须用密目安全网（≥800目/2500px）围挡；密目安全网必须牢靠固定在架体上。

2）架体底层的脚手板必须铺设严密，且应用平网及密目安全网兜底。应设置架体升降时底层脚手板可折起的翻板构造，保持架体底层脚手板与建筑物表面在升降和正常使用中的间隙，防止物料坠落。

3）在每一作业层架体外侧必须设置上、下两道防护栏杆（上杆高度1.2m，下杆高度0.6m）和挡脚板（高度180mm）。

4）单片式和中间断开的整体式附着升降脚手架，在使用工况下，其断开处必须封闭并加设栏杆；在升降工况下，架体开口处必须有可靠的防止人员及物料坠落的措施。

3.8.3 安装、使用和拆卸

（1）使用前，应根据工程结构特点、施工环境、条件及施工要求编制《附着升降脚手架专项施工组织设计》，并根据本规定有关要求办理使用手续，备齐相关文件资料。

（2）附着升降脚手架的安装应符合以下规定：

1）水平梁架及竖向主框架在两相邻附着支承结构处的高差应不大于20mm。

2）竖向主框架和防倾导向装置的垂直偏差应不大于5‰和60mm。

3）预留穿墙螺栓孔和预埋件应垂直于工程结构外表面，其中心误差应小于15mm。

（3）附着升降脚手架组装完毕，必须进行以下检查，合格后方可进行升降操作：

1）工程结构混凝土强度应达到附着支承对其附加荷载的要求。

2）全部附着支承点的安装符合设计规定，严禁少装附着固定连接螺栓和使用不合格螺栓。

3）各项安全保险装置全部检验合格。

4）电源、电缆及控制柜等的设置符合用电安全的有关规定。

5）升降动力设备工作正常。

6）同步及荷载控制系统的设置和试运效果符合设计要求。

7）架体结构中采用普通脚手架杆件搭设的部分，其搭设质量达到要求。

8）各种安全防护设施齐备并符合设计要求。

9）各岗位施工人员已落实。

10）附着升降脚手架施工区域应有防雷措施。

11）附着升降脚手架应设置必要的消防及照明设施。

12）同时使用的升降动力设备、同步与荷载控制系统及防坠装置等专项设备，应分别采用同一厂家、同一规格型号的产品。

13）动力设备、控制设备、防坠装置等应有防雨、防砸、防尘等措施。

14）其他需要检查的项目。

（4）附着升降脚手架的升降操作必须遵守以下规定：

1）严格执行升降作业的程序规定和技术要求。

2）严格控制并确保架体上的荷载符合设计规定。

3）所有妨碍架体升降的障碍物必须拆除。

4）所有升降作业要求解除的约束必须拆开。

5）严禁操作人员停留在架体上，特殊情况确实需要上人的，必须采取有效安全防护措施，并由建筑安全监督机构审查后方可实施。

6）应设置安全警戒线，正在升降的脚手架下部严禁有人进入，并设专人负责监护。

7）严格按设计规定控制各提升点的同步性，相邻提升点间的高差不得大于30mm，整体架最大升降差不得大于80mm。

8）升降过程中应实行统一指挥、规范指令。升、降指令只能由总指挥一人下达，但当有异常情况出现时，任何人均可立即发出停止指令。

9）采用环链葫芦作升降动力的，应严密监视其运行情况，及时发现、解决可能出现的翻链、铰链和其他影响正常运行的故障。

10）附着升降脚手架升降到位后，必须及时按使用状况要求进行附着固定。在没有完成架体固定工作前，施工人员不得擅自离岗或下班。未办交付使用手续的，不得投入使用。

（5）附着升降脚手架升降到位架体固定后，办理交付使用手续前，必须通过以下检查项目：

1）附着支承和架体已按使用状况下的设计要求固定完毕；所有螺栓连接处已拧紧；各承力件预紧程度应一致。

2）碗扣和扣件接头无松动。

3）所有安全防护已齐备。

4）其他必要的检查项目。

（6）附着升降脚手架在使用过程中严禁进行下列作业：

1）利用架体吊运物料。

2）在架体上拉结吊装缆绳（索）。

3）在架体上推车。

4）任意拆除结构件或松动连接件。

5）拆除或移动架体上的安全防护设施。

6）起吊物料碰撞或扯动架体。

7）利用架体支顶模板。

8）使用中的物料平台与架体仍连接在一起。

9）其他影响架体安全的作业。

（7）拆下的材料及设备要及时进行全面检修保养，出现以下情况之一的，必须予以报废：

1）焊接件严重变形且无法修复或严重锈蚀。

2）导轨、附着支承结构件、水平梁架杆部件、竖向主框架等构件出现严重弯曲。

3）螺栓连接件变形、磨损、锈蚀严重或螺栓损坏。

4）弹簧件变形、失效。

5）钢丝绳扭曲、打结、断股，磨损断丝严重达到报废规定。

6）其他不符合设计要求的情况。

（8）遇五级（含五级）以上大风和大雨、大雪、浓雾和雷雨等恶劣天气时，禁止进行升降和拆卸作业，并应预先对架体采取加固措施。夜间禁止进行升降作业。

3.8.4　管理

（1）住房城乡建设部门对从事附着升降脚手架工程的施工单位实行资质和安全生产许可管理，未取得相应资质证书和安全生产许可证书的不得施工；对附着升降脚手架实行认证制度，即所使用的附着升降脚手架必须经过国务院建设行政主管部门组织鉴定或者委托具有资格的单位进行认证。

（2）附着升降脚手架工程的施工单位应当根据资质管理有关规定到当地建设行政主管部门办理相应的审查手续。

（3）对已获得附着升降脚手架资质证书的施工单位实行年检管理制度，有下列情况之一者，一律注销资质证书：

1）使用与其资质证书所载明的附着升降脚手架名称和型号不一致者。

2）有出借，出租资质证书、转包行为者。

3）严重违反本规定，多次整改仍不合格者。

4）发生一次死亡 3 人以上重大事故或事故累计死亡达 3 人以上者。

（4）异地使用附着升降脚手架的，使用前应向当地建设行政主管部门或建筑安全监督机构办理备案手续，接受其监督管理。

（5）工程项目的总承包单位必须对施工现场的安全工作实行统一监督管理，对使用的附着升降脚手架要进行监督检查，发现问题，及时采取解决措施。

附着升降脚手架组装完毕，总承包单位必须根据本规定以及施工组织设计等有关文件的要求进行检查，验收合格后，方可进行升降作业。分包单位对附着升降脚手架的使用安全负责。如图 3-8 所示。

图 3-8　附着升降脚手架施工外景图

3.9　坡道安全要求

（1）脚手架运料坡道宽度不得小于 1.5m，坡度以 1∶6（高∶长）为宜。人行坡道，宽度不得小于 1m，坡度不得大于 1∶3.5。

（2）立杆、纵向水平杆间距应与结构脚手架相适应。单独坡道的立杆、纵向水平杆间距不得超过 1.5m，横向水平杆间距不得大于 1m。坡道宽度大于 2m 时，横向水平杆中间应加吊杆，并每隔 1 根立杆在吊杆下加绑托杆和八字戗。

（3）脚手板应铺严、铺牢。对头搭接时板端部分应用双横向水平杆。搭接板的板端应搭过横向水平杆200mm，并用三角木填顺板头凸棱。斜坡坡道的脚手板应钉防滑条，防滑条厚度 30mm，间距不得大于 300mm。

（4）之字坡道的转弯处应搭设平台，平台面积应根据施工需要设置，但宽度不得小于 1.5m。平台应绑剪刀撑或八字戗。

（5）坡道及平台必须绑两道护身栏杆和 180mm 高度的挡脚板。

（6）随着防护标准化的推广，上人马道可做成工具式组装马道。如图 3-9 所示。

图 3-9　工具式组装马道

3.10　脚手架的检查与验收

（1）进入现场的各构配件应具备以下证明资料：

1）主要构配件应有产品标识、产品质量合格证及质量检验报告。

2）碗扣构配件供应商应配套提供管材、零件、铸件、冲压件等材质和产品性能检验报告。

3）扣件还应有生产许可证、法定检测单位的测试报告。

（2）构配件进场质量检查的重点如下：

1）各构配件按照相关规定进行外观质量检查。

2）钢管等杆件的壁厚、外径、断面，焊接质量。

3）碗扣脚手架可调底座和可调托撑丝杆直径、与螺母配合间隙及材质。

4）门架与配件应涂防锈漆或镀锌。钢管应涂防锈漆。

5）扣件在使用前应逐个挑选，有裂缝、变形、螺栓出现滑丝的严禁使用。

6）可调托撑支托板厚不应小于 5mm，变形不应大于 1mm。

（3）在脚手架、满堂脚手架和模板支撑架使用过程中，应定期对脚手架及其地基基础进行检查和维护。特别是下列情况下，必须进行检查：

1）基础完工后及脚手架搭设前。

2）作业层上施加荷载前。

3）遇大雨和 6 级以上大风后。

4）寒冷地区开冻后。

5）停用时间超过一个月恢复使用前。

6）如发现倾斜、下沉、松扣、崩扣等现象，要及时修理。

7）达到设计高度后。

（4）脚手架搭设质量应按阶段进行检查与验收，检验合格后方可继续搭设。

1）扣件式脚手架每搭设6～8m高度后。

2）碗扣式脚手架首段以高度为6m进行第一阶段检查与验收，架体应随施工进度定期进行检查，达到设计高度后进行全面的检查与验收。

3）门式脚手架每搭设2个楼层高度，满堂脚手架、模板支架每搭设4步高度。

（5）碗扣式双排脚手架应重点检查以下内容：

1）保证架体几何不变形的斜杆、连墙件等设置情况。

2）基础的沉降，立杆底座与基础面的接触情况。

3）上碗扣锁紧情况。

4）立杆连接销的安装、斜杆扣接点、扣件拧紧程度。

（6）脚手架使用过程中，应定期检查下列内容：

1）杆件的设置和连接，连墙件、支撑、门洞桁架等的构造应符合规范和专项施工方案的要求。

2）地基应无积水，底座应无松动，立杆应无悬空。

3）锁臂、挂扣件、扣件螺栓应无松动。

4）高度在24m以上的扣件式双排、满堂脚手架，高度在20m以上的扣件式满堂支撑架，其立杆的沉降与垂直度偏差应符合规范规定。

5）安全防护措施应符合规范要求。

6）应无超载使用。

（7）脚手架、满堂脚手架和模板支撑架验收时，应具备下列技术文件：

1）专项施工方案及变更文件。

2）安全技术交底文件。

3）构配件质量检验记录。

4）周转使用的脚手架构配件使用前的复验合格记录。

5）搭设的施工记录和质量安全检查记录。

（8）脚手架搭设的技术要求、允许偏差与检验方法应符合各自脚手架的规定。

（9）满堂脚手架和模板支撑架在施加荷载或浇筑混凝土时，应设专人全过程监督。发现异常情况，应及时处理。

3.11　脚手架拆除安全要求

脚手架拆除作业的安全防护要求与搭设作业时的安全防护要求相同。

（1）脚手架拆除作业的危险性大于搭设作业，应按专项方案施工。在进行拆除工作之前，必须作好准备工作：

1）当工程施工完成后，必须经单位工程负责人检查验证，确认脚手架不再需要后，方可拆除。脚手架拆除必须由施工现场技术负责人下达正式通知。

2）全面检查脚手架是否安全。即扣件连接、连墙件、支撑体系等是否符合构造要求。

3）应根据检查结果补充完善脚手架专项方案中的拆除顺序和措施，经审批后方可实施。

4）拆除前应向操作人员进行安全技术交底。

5）拆除前应清除脚手架上的材料、工具和杂物，楼层临边的杂物及外墙上的悬浮物，清理地面障碍物。

（2）拆除脚手架现场应设置安全警戒区域和警告牌，并由专职人员负责监护，严禁非施工作业人员进入拆除作业区内。拆除大片架子应加临时围栏。作业区内电线及其他设备有妨碍时，应事先与有关部门联系，再拆除、转移或加防护。

（3）作业人员戴安全帽、系安全带、穿防滑鞋才允许上架作业。

（4）脚手架拆除程序，应由上而下按层按步的拆除（先拆安全网）。拆除顺序与搭设顺序相反，后搭的先拆，先搭的后拆，严禁上下同时进行拆除作业。先拆护身栏、脚手板和横向水平杆，再依次拆剪刀撑的上部扣件和接杆，最后是纵向水平杆和立杆。拆除全部剪刀撑以前，必须搭设临时加固斜支撑，预防架子倾倒。连墙杆应随拆除进度逐层拆除，严禁先将连墙杆整层或数层拆除后再拆脚手架。分段拆除高差大于两步时，应增设连墙件加固。

（5）拆除时应设专人指挥，分工明确、统一行动、上下呼应、动作协调。当解开与另一人有关的结扣时，应先通知对方，以防坠落。

（6）拆脚手架杆件，必须由2～3人协同操作，严禁单人拆除如脚手板、长杆件等较重、较大的杆部件。拆纵向水平杆时，应由站在中间的人向下传递，严禁向下抛掷。

（7）拆除立杆时，先把稳上部，再拆开后两个扣，然后取下；拆除大横杆、斜撑、剪刀撑时，应先拆中间扣，然后托住中间，再解端头扣，松开连接后，水平托举取下。

（8）拆卸下来的钢管、门架与各构配件应防止碰撞，严禁抛掷至地面。可采用起重设备吊运或人工传送至地面。

（9）当脚手架拆至下部最后一根立杆高度（约6.5m）时，应在适当位置先搭设临时抛撑加固后，再拆除连墙件。当单、双排脚手架采取分段、分立面拆除时，对不拆除的脚手架两端应按规定设置连墙件和横向斜撑加固。

（10）拆除门架的顺序，应从一端向另一端，自上而下逐层地进行。同一层的构配件和加固杆件必须按照先上后下、先外后内的顺序进行拆除，最后拆除连墙件。拆除的工人必须站在临时设置的脚手板上进行拆卸作业。拆除连接部件时，应先将止退装置旋转至开启位置，然后拆除，不得硬拉，严禁敲击。严禁使用手锤等硬物击打、撬别。连墙件、通长水平杆和剪刀撑等必须在脚手架拆除到相关门架时，方可拆除。

（11）大片架子拆除后所预留的斜道、上料平台、通道等，应在大片架子拆除前先进行加固，以便拆除后确保其完整、安全和稳定。

（12）拆除时严禁撞碰附近电源线，以防事故发生。不能撞碰门窗、玻璃、水落管、房檐瓦片、地下明沟等。

（13）在拆架过程中，不能中途换人，如必须换人时，应将拆除情况交代清楚后方可离开。

（14）运至地面的钢管、门架与各构配件应按规定及时检查、整修与保养，按品种、规格分类存放，以便于运输、维护和保管。

3.12　专家论证要求

根据《危险性较大的分部分项工程安全管理办法》规定：施工单位应当在危险性较大的分部分项工程施工前编制专项方案；对于超过一定规模的危险性较大的分部分项工程，施工单位应当组织专家对专项方案进行论证。其中下列架子方案需要组织专家论证：

3.12.1　模板工程及支撑体系

（1）工具式模板工程：包括滑模、爬模、飞模工程。

（2）混凝土模板支撑工程：搭设高度8m及以上；搭设跨度18m及以上；施工总荷载15kN/m² 及以上；集中线荷载20kN/m及以上。

（3）承重支撑体系：用于钢结构安装等满堂支撑体系，承受单点集中荷载700kg以上。

3.12.2　脚手架工程

（1）搭设高度50m及以上落地式钢管脚手架工程。

（2）提升高度150m及以上附着式整体和分片提升脚手架工程。

（3）架体高度20m及以上悬挑式脚手架工程。

4 高处作业

本章要点：高处作业概述，基本安全要求，临边、洞口、攀登、悬空作业安全防护，操作平台安全，交叉作业安全防护、高处作业安全防护设施的验收和"三宝"使用等内容。

4.1 高处作业概述

4.1.1 含义及分级

1. 定义

现行国家标准《高处作业分级》GB/T 3608—2008 规定：在距坠落高度基准面 2m 或 2m 以上有可能坠落的高处进行的作业，称为高处作业。

所谓基准面，指坠落到的底面，如地面、楼面、楼梯平台、相邻较低建筑物的屋面、基坑的底面、脚手架的通道板等，坠落高度基准面则是通过可能坠落范围最低处的水平面。

2. 分级

（1）高处作业高度分为 2m 至 5m、5m 以上至 15m、15m 以上至 30m 及 30m 以上四个区段。

（2）直接引起坠落的客观危险因素分为 10 种：

1）阵风风力五级（风速 8.0m/s）以上。

2）平均气温等于或低于 5℃ 的作业环境。

3）接触冷水温度等于或低于 12℃ 的作业。

4）作业场地有冰、雪、霜、水、油等易滑物。

5）作业场所光线不足，能见度差。

6）作业活动范围与危险电压带电体的距离小于表 4-1 的规定。

作业活动范围与危险电压带电体的距离　　　　　　　　　　　　表 4-1

危险电压带电体的电压等级（kV）	距离（m）	危险电压带电体的电压等级（kV）	距离（m）
≤10	1.7	220	4.0
35	2.0	330	5.0
63～110	2.5	500	6.0

7）摆动，立足处不是平面或只有很小的平面，即任一边小于 500mm 的矩形平面，直径小于 500mm 的圆形平面或具有类似尺寸的其他形状的平面，致使作业者无法维持正常姿势。

8）《工作场所物理因素测量　第 10 部分：体力劳动强度分级》GBZ/T 189.10 规定的 Ⅲ 级或 Ⅲ 级以上的体力劳动强度。

9）存在有毒气体或空气中含氧量低于 0.195 的作业环境。

10）可能会引起各种灾害事故的作业环境和抢救突然发生的各种灾害事故。

（3）高处作业分级

坠落高度越高，危险性也就越大，所以按不同的坠落高度，当不存在以上任何一种客观危险因素时，高处作业可按表 4-2 规定的 A 类法分级。当存在以上一种或一种以上的客观危险因素时，高处作业可按表 4-2 规定的 B 类法分级。即 B 类法比 A 类法等级提高了一级。

高处作业分级　　　　　　　　　　　　表 4-2

分类法	高处作业高度（m）			
	$2 \leqslant h_w \leqslant 5$	$5 < h_w \leqslant 15$	$15 < h_w \leqslant 30$	$h_w > 30$
A	Ⅰ	Ⅱ	Ⅲ	Ⅳ
B	Ⅱ	Ⅲ	Ⅳ	Ⅳ

4.1.2 高处作业安全工作的重要性

建筑物在不断向空间升高的同时，也在不断向地下拓展。凡深度达5m以上的基础称为深基础，目前最深的基础深达20多米，因此深基础施工同高层建筑一样均存在高处作业的安全生产问题。

超高建筑和深基础的出现使得施工难度增大，安全生产问题也越来越突出，稍不注意就容易发生安全事故，尤其是高处坠落事故，近年来一直居于"五大伤害"之首，主要原因有：

（1）临边洞口处作业无防护设施或防护不严密、不牢固。

（2）脚手架搭设不规范、作业层防护不严、脚手架跳板不满铺、架体与墙体的拉结点少且不牢固或被随意拆除造成的脚手架倒塌和人员坠落等。

（3）在塔式起重机、施工电梯的安装、拆除过程中，违反操作规程，造成坠落事故。

（4）违章乘坐吊篮，钢丝绳断裂、吊盘停靠装置失效。

（5）模板支撑系统钢竹混用，无剪刀撑，缺少水平杆和斜撑，楼层模板立杆排列混乱，造成整体失稳、坍塌、坠落。

（6）工人未经培训违章作业，缺乏必要的自我保护意识和安全知识，是导致事故发生的最主要原因。

（7）施工单位重生产、轻安全，只求进度和效益，安全生产责任制不落实，安全管理措施不到位，也是事故发生的重要原因。

分析上述高处坠落事故发生的原因，可以看出，高处作业的安全风险存在于脚手架的搭设、使用、拆除，模板的搭、设，大型机械的搭、拆和使用等多个环节中，因此对高处作业的安全管理工作也就更显示出其重要性，加强高处作业的安全管理措施和对工人的安全教育，更是控制事故发生的重要方面。

4.2 建筑施工高处作业的基本安全要求

2016年12月1日《建筑施工高处作业安全技术规范》JGJ 80—2016正式施行，对建筑施工高处作业提出了明确的防护要求，规范了高处作业的安全技术措施，使其技术合理、经济适用，对预防各种伤害事故的发生发挥了积极的作用。现将该标准及高处作业的安全防护基本规定介绍如下：

（1）建筑施工中凡涉及临边与洞口作业、攀登与悬空作业、操作平台、交叉作业及安全网搭设的，应在施工组织设计或施工方案中制定高处作业安全技术措施。

（2）建筑施工高处作业前，应按类别对安全防护设施进行检查、验收，验收合格后方可进行作业，并应做验收记录。验收可分层或分阶段进行。

（3）高处作业施工前，应对人员进行安全技术交底，并应记录。应对初次作业人员进行培训。

（4）应根据要求将各类安全警示标志悬挂于施工现场各相应部位，夜间应设置红灯警示。高处作业施工前，应检查高处作业的安全标志、工具、仪表、电气设施和设备，确认其完好，方可进行施工。

（5）高处作业人员应根据作业的实际情况配备相应的高处作业安全防护用品，并应按规定正确佩戴和使用相应的安全防护用品、用具。

（6）对施工作业现场可能坠落的物料，应及时拆除或采取固定措施。高处作业所用的物料应堆放平稳，不得妨碍通行和装卸。工具应随手放入工具袋；作业中的走道、通道板和登高用具，应随时清理干净；拆卸下的物料及余料和废料应及时清理运走，不得随意放置或向下丢弃。传递物料时不得抛掷。

（7）高处作业应按现行国家标准《建设工程施工现场消防安全技术规范》GB 50720的规定，采取防火措施。

（8）在雨、霜、雾、雪等天气进行高处作业时，应采取防滑、防冻和防雷措施，并应及时清除作业面上的水、冰、雪、霜。

当遇有 6 级以上强风、浓雾、沙尘暴等恶劣气候，不得进行露天攀登与悬空高处作业。雨雪天气后，应对高处作业安全设施进行检查，当发现有松动、变形、损坏或脱落等现象时，应立即修理完善，维修合格后再使用。

（9）需要临时拆除或变动的安全防护设施，应采取可靠措施，作业后应立即恢复。

（10）应有专人对各类安全防护设施进行检查和维护保养，发现隐患应及时采取整改措施。

（11）安全防护设施宜采用定型化、工具化设施，防护栏杆应为黑黄或红白相间的条纹标示，盖件应为黄或红色标示。

4.3　临边作业安全防护

4.3.1　含义

临边作业指施工现场中，工作面边沿无围护设施或围护设施高度低于 80cm 时的高处作业。

4.3.2　范围

基坑周边，尚未安装栏杆或栏板的阳台、料台与挑平台周边，雨篷与挑檐边，无外架防护的屋面与楼层周边，斜道两侧边，卸料平台外侧边，分层施工的楼梯口和梯段边以及井架与施工用电梯和脚手架等与建筑物通道的两侧边等处，通称"五临边"。

4.3.3　防护措施

（1）坠落高度基准面 2m 及以上进行临边作业时，应在临空一侧设置防护栏杆，并应采用密目式安全立网或工具式栏板封闭。

（2）施工的楼梯口、楼梯平台和梯段边，应安装防护栏杆；外设楼梯口、楼梯平台和梯段边还应采用密目式安全立网封闭。

（3）建筑物外围边沿处，没有设置外脚手架的工程，应设置防护栏杆；对有外脚手架的工程，应采用密目式安全立网全封闭。密目式安全立网应设置在脚手架外侧立杆上，并应与脚手架杆紧密连接。

（4）施工升降机、龙门架和井架物料提升机等在建筑物间设置的停层平台两侧边，应设置防护栏杆、挡脚板，并应采用密目式安全立网或工具式栏板封闭。

（5）停层平台口应设置高度不低于1.80m的楼层防护门，并应设置防外开装置，井架物料提升机通道中间，应分别设置隔离设施。

4.3.4 防护栏杆的安全要求

（1）临边作业的防护栏杆应由横杆、立杆及挡脚板组成，楼梯、楼层和阳台如图4-1所示。防护栏杆应符合下列规定：

1）防护栏杆应为两道横杆，上杆距地面高度应为1.2m，下杆应在上杆和挡脚板中间设置。

2）当防护栏杆高度大于1.2m时，应增设横杆，横杆间距不应大于600mm。

3）防护栏杆立杆间距不应大于2m。

4）挡脚板高度不应小于180mm。

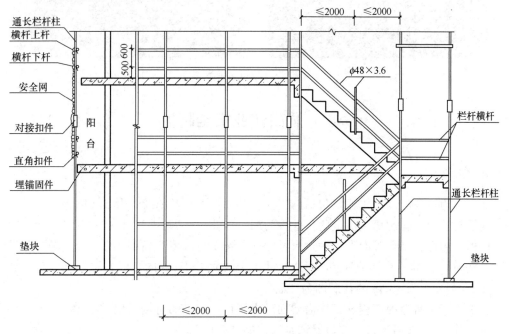

图4-1 楼梯、楼层和阳台临边防护栏杆

（2）防护栏杆立杆底端应固定牢固，并应符合下列规定：

1）当在土体上固定时，应采用预埋或打入方式固定。

2）当在混凝土楼面、地面、屋面或墙面固定时，应将预埋件与立杆连接牢固。

3）当在砌体上固定时，应预先砌入相应规格含有预埋件的混凝土块，预埋件应与立杆连接牢固。

（3）防护栏杆杆件的规格及连接，应符合下列规定：

1）当采用钢管作为防护栏杆杆件时，横杆及栏杆立杆应采用脚手钢管，并应采用扣件、焊接、定型套管等方式进行连接固定。

2）当采用其他材料作为防护栏杆杆件时，应选用与钢管材质强度相当的材料，并应采用螺栓、销轴或焊接等方式进行连接固定。

（4）防护栏杆的立杆和横杆的设置、固定及连接，应确保防护栏杆在上下横杆和立杆任何处，均能承受任何方向 1kN 外力作用。当栏杆所处位置有发生人群拥挤、物件碰撞等可能时，应加大横杆截面或加密立杆间距。

（5）防护栏杆应张挂密目式安全立网或其他材料封闭。

（6）防护栏杆的设计计算应符合规范的规定。

实际工程中的临边防护如图 4-2 所示。

图 4-2　临边防护

4.4　洞口作业安全防护

4.4.1　含义

孔与洞边口旁的高处作业，包括施工现场及通道旁深度在 2m 及 2m 以上的桩孔、人孔、沟槽与管道、孔洞等边沿上的作业称为洞口作业。

楼板、屋面、平台等面上，短边尺寸小于 25cm 的，墙上高度小于 75cm 的孔洞即为"孔"；楼板、屋面、平台等面上，短边尺寸等于或大于 25cm 的孔洞，墙上高度等于或大于 75cm，宽度大于 45cm 的孔洞即为"洞"。

施工现场常常会因工程和工序需要而产生洞口，常见的有楼梯口、电梯井口、预留洞口（坑、井）、井架通道口，这就是通常所说的"四口"。

4.4.2　洞口防护措施

进行洞口作业以及在因工程和工序需要而产生的，使人与物有坠落危险或危及人身安全的其他洞口进行高处作业时，必须按下列规定设置防护设施。

（1）板与墙的洞口必须设置牢固的盖板、防护栏杆、安全网或其他防坠落的防护设施。

（2）电梯井口必须设防护栏杆或固定栅门。

（3）钢管桩、钻孔桩等桩孔上口，杯形、条形基础上口，未填土的坑槽，以及人孔、天窗、地板门等处，均应按洞口防护设置稳固的盖件。

（4）施工现场通道附近的各类洞口与坑槽等处，除设置防护设施与安全标志外，夜间还应设红灯示警。

4.4.3 洞口防护要求

(1) 洞口作业时，应采取防坠落措施，并应符合下列规定：

1) 当竖向洞口短边边长小于 500mm 时，应采取封堵措施；当垂直洞口短边边长大于或等于 500mm 时，应在临空一侧设置高度不小于 1.2m 的防护栏杆，并应采用密目式安全立网或工具式栏板封闭，设置挡脚板。

2) 当非竖向洞口短边尺寸为 25～500mm 时，应采用承载力满足使用要求的盖板覆盖，盖板四周搁置应均衡，且应防止盖板移位。

3) 当非竖向洞口短边边长为 500～1500mm 时，应采用盖板覆盖或防护栏杆等措施，并应固定牢固。

4) 当非竖向洞口短边边长大于或等于 1500mm 时，应在洞口作业侧设置高度不小于 1.2m 的防护栏杆，洞口应采用安全平网封闭。

(2) 电梯井口应设置防护门，其高度不应小于 1.5m，防护门底端距地面高度不应大于 50mm，并应设置挡脚板。

(3) 在电梯施工前，电梯井道内应每隔 2 层且不大于 10m 加设一道水平安全网。电梯井内的施工层上部，应设置隔离防护设施。

(4) 洞口盖板应能承受不小于 1kN 的集中荷载和不小于 2kN/m² 的均布荷载，有特殊要求的盖板应另行设计。

(5) 墙面等处落地的竖向洞口、窗台高度低于 800mm 的竖向洞口及框架结构在浇筑完混凝土未砌筑墙体时的洞口，应按临边防护要求设置防护栏杆。

洞口防护设施的构造形式如图 4-3 所示。

图 4-3 洞口防护门

4.5 攀登作业安全防护

4.5.1 含义

借助登高用具或登高设施，在攀登条件下进行的高处作业。

4.5.2 防护要求

（1）登高作业应借助施工通道、梯子（图 4-4）及其他攀登设施和用具。

人字梯使用注意事项
1. 人员上到2m高度时必须可靠系挂安全带；
2. 在人字梯上工作所需要的所有工具和材料应通过非直接操作人员传递完成（较为笨重的必须是人字梯扶持人员以外的第三人传递来完成）或使用绳索上下传递，禁止上下抛、投、扔工具材料；
3. 禁止两人同时使用同一只人字梯；
4. 如果需要重新安放人字梯，须从人字梯上下来；
5. 两梯夹角应保持小于40°，同时两梯要牢固，移动梯子时梯子上不准站人。

检验合格证	
检验项目：	使用单位：
规格：	检验结果：
验收人：	责任人：
×××单位×××项目部	
注：非本单位施工人员未经允许严禁使用	

图 4-4　人字梯

（2）攀登作业设施和用具应牢固可靠；当采用梯子进行攀爬作业时，踏面荷载不应大于 1.1kN；当梯面上有特殊作业时，应按实际情况进行专项设计验算。

（3）同一梯子上不得两人同时作业。在通道处使用梯子作业时，应有专人监护或设置围栏。脚手架操作层上严禁架设梯子作业。

（4）便携式梯子宜采用金属材料或木材制作，并应符合现行国家标准《便携式金属梯安全要求》GB 12142 和《便携式木梯安全要求》GB 7059 的规定。

（5）使用单梯时梯面应与水平面成 75°夹角，踏步不得缺失，梯格间距宜为 300mm，不得垫高使用。

（6）折梯张开到工作位置的倾角应符合现行国家标准《便携式金属梯安全要求》GB 12142 和《便携式木梯安全要求》GB 7059 的规定，并应有整体的金属撑杆或可靠的锁定装置。

（7）固定式直梯应采用金属材料制成，并符合现行国家标准《固定式钢直梯及平台安全要求 第 1 部分：钢直梯》GB 4053.1 的规定；梯子净宽应为 400～600mm，固定直梯的支撑应采用不小于 L70×6 的角钢，埋设与焊接应牢固。直梯顶端的踏步应与攀登顶面齐平，并应加设 1.1～1.5m 高的扶手。

（8）使用固定式直梯攀登作业时，当攀登高度超过 3m 时，宜加设护笼；当攀登高度超过 8m 时，应设置梯间平台。

（9）钢结构安装时，应使用梯子或其他登高设施攀登作业。坠落高度超过 2m 时，应设置操作平台。

（10）当安装屋架时，应在屋脊处设置扶梯。扶梯踏步间距不应大于 400mm。屋架杆件安装时搭设的操作平台，应设置防护栏杆或使用作业人员拴挂安全带的安全绳。

（11）深基坑施工应设置扶梯、入坑踏步及专用载人设备或斜道等设施。采用斜道时，应加设间距不大于 400mm 的防滑条等防滑措施。作业人员严禁沿坑壁、支撑或乘运土工具上下。

4.6 悬空作业安全防护

4.6.1 含义

悬空作业是在周边临空状态下进行的高处作业。

4.6.2 防护要求

（1）悬空作业的立足处的设置应牢固，并应配置登高和防坠落装置和设施。

（2）构件吊装和管道安装时的悬空作业应符合下列规定：

1）钢结构吊装，构件宜在地面组装，安全设施应一并设置。

2）吊装钢筋混凝土屋架、梁、柱等大型构件前，应在构件上预先设置登高通道、操作立足点等安全设施。

3）在高空安装大模板、吊装第一块预制构件或单独的大中型预制构件时，应站在作业平台上操作。

4）钢结构安装施工宜在施工层搭设水平通道，水平通道两侧应设置防护栏杆；当利用钢梁作为水平通道时，应在钢梁一侧设置连续的安全绳，安全绳宜采用钢丝绳。

5）钢结构、管道等安装施工的安全防护设施宜采用工具化、定型化设施。

（3）严禁在未固定、无防护设施的构件及管道上进行作业或通行。

（4）当利用吊车梁等构件作为水平通道时，临空面的一侧应设置连续的栏杆等防护措施。当安全绳为钢索时，钢索的一端应采用花篮螺栓收紧；当安全绳为钢丝绳时，钢丝绳的自然下垂度不应大于绳长的 1/20，并不大于 100mm。

（5）模板支撑体系搭设和拆卸的悬空作业，应符合下列规定：

1）模板支撑的搭设和拆卸应按规定的程序进行，不得在上下同一垂直面上同时装拆模板。

2）在坠落基准面 2m 及以上高处搭设与拆除柱模板及悬挑结构模板时，应设置操作平台。

3）在进行高处拆模作业时应配置登高用具或搭设支架。

（6）绑扎钢筋和预应力张拉的悬空作业应符合下列规定：

1）绑扎立柱和墙体钢筋，不得沿钢筋骨架攀登或站在骨架上作业。

2）在坠落基准面 2m 及以上的高处绑扎柱钢筋时和进行预应力张拉时，应搭设操作平台。

（7）混凝土浇筑与结构施工的悬空作业应符合下列规定：

1）浇筑高度 2m 及以上的混凝土结构构件时，应设置脚手架或操作平台。

2）悬挑的混凝土梁、檐、外墙和边柱等结构施工时，应搭设脚手架或操作平台。

（8）作业时应符合下列规定：

1）在坡度大于 25°的屋面上作业，当无外脚手架时，应在屋檐边设置不低于 1.5m 高的防护栏杆，并应采用密目式安全立网全封闭。

2）在轻质型材等屋面上作业，应搭设临时走道板，不得在轻质型材上行走；安装轻质型材板前，应采取在梁下支设安全平网或搭设脚手架等安全防护措施。

（9）外墙作业时应符合下列规定：

1）门窗作业时，应有防坠落措施，操作人员在无安全防护措施时，不得站立在樘子、阳台栏板上作业。

2）高处作业不得使用座板式单人吊具，不得使用自制吊篮。

4.7 操作平台安全

4.7.1 含义

操作平台是指现场施工中用于站人、载料并可进行操作的平台。

4.7.2 防护要求

1. 一般规定

（1）操作平台应通过设计计算，并应编制专项方案，架体构造与材质应满足现行国家相关标准的规定。

（2）操作平台的架体结构应采用钢管、型钢及其他等效性能材料组装，并应符合现行国家标准《钢结构设计规范》GB 50017 及现行国家相关脚手架标准的规定。平台面铺设的钢、木或竹胶合板等材质的脚手板，应符合材质和承载力要求，并应平整满铺及可靠固定。

（3）操作平台的临边应设置防护栏杆，单独设置的操作平台应设置供人上下、踏步间距不大于 400mm 的扶梯。

（4）应在操作平台明显位置设置标明允许负载值的限载牌及限定允许的作业人数，物料应及时转运，不得超重、超高堆放。

（5）操作平台使用中应每月不少于 1 次定期检查，应由专人进行日常维护工作，及时消除安全隐患。

2. 移动式操作平台

（1）移动式操作平台面积不宜超过 10m²，高度不宜超过 5m，高宽比不应大于 2∶1，施工荷载不应超过 1.5kN/m²。

（2）移动式操作平台的轮子与平台架体连接应牢固，立柱底端离地面不得超过 80mm，行走轮和导向轮应配有制动器或刹车闸等制动措施。

（3）移动式行走轮承载力不应小于 5kN，制动力矩不应小于 2.5N·m，移动式操作平台架体应保持垂直，不得弯曲变形，制动器除在移动情况外，均应保持制动状态。

（4）移动式操作平台移动时，操作平台上不得站人。

（5）移动式升降工作平台应符合现行国家标准《移动式升降工作平台 设计计算、安全要求和测试方法》GB 25849 和《移动式升降工作平台 安全规则、检查、维护和操作》GB/T 27548 的要求。

（6）移动式操作平台的结构设计计算应符合规范的规定。

移动式操作平台构造形式如图 4-5 所示。

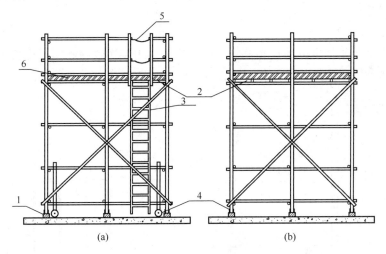

图 4-5　移动式操作平台

（a）立面图；（b）侧面图

1—木楔；2—竹笆或木板；3—梯子；4—带锁脚轮；5—活动防护绳；6—挡脚板

3. 落地式操作平台

（1）落地式操作平台架体构造应符合下列规定：

1）操作平台高度不应大于 15m，高宽比不应大于 3∶1。

2）施工平台的施工荷载不应超过 2.0kN/m²；当接料平台的施工荷载大于 2.0kN/m² 时，应进行专项设计。

3）操作平台应与建筑物进行刚性连接或加设防倾措施，不得与脚手架连接。

4）用脚手架搭设操作平台时，其立杆间距和步距等结构要求应符合现行国家相关脚手架规范的规定；应在立杆下部设置底座或垫板、纵向与横向扫地杆，并应在外立面设置剪刀撑或斜撑。

5）操作平台应从底层第一步水平杆起逐层设置连墙件，且连墙件间隔不应大于 4m，并应设置水平剪刀撑。连墙件应为可承受拉力和压力的构件，并应与建筑结构可靠连接。

（2）落地式操作平台搭设材料及搭设技术要求、允许偏差应符合现行国家相关脚手架规范的规定。

（3）落地式操作平台应按现行国家相关脚手架标准的规定计算受弯构件强度、连接扣件抗滑承载力、立杆稳定性、连墙杆件强度与稳定性及连接强度、立杆地基承载力等。

（4）落地式操作平台一次搭设高度不应超过相邻连墙件以上两步。

（5）落地式操作平台拆除应由上而下逐层进行，严禁上下同时作业，连墙件应随工程施工进度逐层拆除。

（6）落地式操作平台检查与验收应符合下列规定：

1）操作平台的钢管和扣件应有产品合格证。

2）搭设前应对基础进行检查验收，搭设中应随施工进度按结构层对操作平台进行检查验收。

3）遇6级以上大风、雷雨、大雪等恶劣天气及停用超过1个月，恢复使用前，应进行检查。

4. 悬挑式钢平台

悬挑式钢平台是指可以吊运和搁支于楼层边的用于接送物料和转运模板等的悬挑形式的操作平台，通常采用钢构件制作。如图4-6所示。必须符合下列规定：

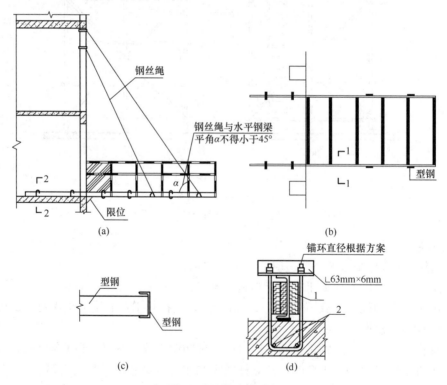

图 4-6　悬挑式钢平台

（a）侧面图；（b）平面图；（c）1-1 剖面图；（d）2-2 剖面

（1）悬挑式钢平台应按现行规范进行设计及安装，其结构构造应能防止左右晃动，计算书及图纸应编入施工组织设计。

（2）悬挑式操作平台的设置应符合下列规定：

1）操作平台的搁置点、拉结点、支撑点应设置在稳定的主体结构上，且应可靠连接。

2）严禁将操作平台设置在临时设施上。

3）操作平台的结构应稳定可靠，承载力应符合设计要求。

（3）悬挑式操作平台的悬挑长度不宜大于5m，均布荷载不应大于$5.5kN/m^2$，集中荷载不应大于15kN，悬挑梁应锚固固定。

（4）采用斜拉方式的悬挑式操作平台，平台两侧的连接吊环应与前后两道斜拉钢丝绳连接，每一道钢丝绳应能承载该侧所有荷载。

（5）采用支承方式的悬挑式操作平台，应在钢平台的下方设置不少于两道的斜撑，斜撑的一端应支承在钢平台主结构钢梁下，另一端应支承在建筑物主体结构。

（6）采用悬臂梁式的操作平台，应采用型钢制作悬挑梁或悬挑桁架，不得使用钢管，其节点应是螺栓或焊接的刚性节点，当平台板上的主梁采用与主体结构预埋件焊接时，预埋件、焊缝均应经设计计算，建筑物主体结构应同时满足强度要求。

（7）悬挑式操作平台应设置4个吊环，吊运时应使用卡环，不得使用吊钩直接钩挂吊环。吊环应按通用吊环或起重吊环设计，并应满足强度要求。

（8）悬挑式操作平台安装时，钢丝绳应采用专用的钢丝绳夹连接，钢丝绳夹数量应与钢丝绳直径相匹配，且不得少于4个。建筑物锐角、利口周围系钢丝绳处应加衬软垫物。

（9）悬挑式操作平台的外侧应略高于内侧；前方及左右两侧必须装置固定高度1.5m的防护栏杆，硬质围挡。

（10）人员不得在悬挑式操作平台吊运、安装时上下。

（11）悬挑式操作平台的结构设计计算应符合规范规定的要求。

（12）钢平台吊装，需待横梁支撑点电焊固定，接好钢丝绳调整完毕，经过检查验收后，方可松卸起重吊钩，上下操作。

（13）钢平台使用时，应有专人进行检查，发现钢丝绳有锈蚀损坏应及时调换，焊缝脱焊应及时修复。

（14）操作平台上应显著地标明容许荷载值。操作平台上人员和物料的总重量严禁超过设计的允许荷载。应配备专人加以监督。

（15）钢平台必须经过验收，合格后方可投入使用。

（16）钢平台的承重钢丝绳和保险钢丝绳不得在同一个固定点上。

（17）钢平台挑梁与结构之间采取U型压板式（三道）固定方法，固定处要塞紧。

（18）钢平台不得安装在安全通道、外用电梯的上方。

4.8 交叉作业安全防护

4.8.1 含义

在施工现场的上下不同层次，于空间贯通状态下同时进行的高处作业。

4.8.2 防护要求

1. 一般规定

(1) 交叉作业时，下层作业的位置应处于上层作业的坠落半径之外，高空作业坠落半径应按表 4-3 确定。安全防护棚和警戒隔离区范围的设置应视上层作业高度确定，并应大于坠落半径。

坠 落 半 径　　　　　　　　　　　　表 4-3

序号	上层作业高度（h_b）	坠落半径（m）
1	$2 \leqslant h_b \leqslant 5$	3
2	$5 < h_b \leqslant 15$	4
3	$15 < h_b \leqslant 30$	5
4	$h_b > 30$	6

(2) 交叉作业时，坠落半径内应设置安全防护棚或安全防护网等安全隔离措施。当尚未设置安全隔离措施时，应设置警戒隔离区，人员严禁进入隔离区。

(3) 处于起重机臂架回转范围之内的通道，应搭设安全防护棚。

(4) 施工现场人员进出的安全通道，应搭设安全防护棚。

(5) 不得在安全防护棚顶堆放物料。

(6) 当采用脚手架搭设安全防护棚架构时，应符合现行国家相关脚手架标准的规定。

(7) 对不搭设脚手架和设置安全防护棚时的交叉作业，应设置安全防护网，当在多层、高层建筑外立面施工时，应在二层及每隔四层设一道固定的安全防护网，同时设一道随施工高度提升的安全防护网。

2. 安全措施

(1) 安全防护棚搭设应符合下列规定：

1) 当安全防护棚为非机动车辆通行时，棚底至地面高度不应小于 3m；当安全防护棚为机动车辆通行时，棚底至地面高度不应小于 4m。

2) 当建筑物高度大于 24m 并采用木质板搭设时，应搭设双层安全防护棚。两层防护的间距不应小于 700mm，安全防护棚的高度不应小于 4m。

3) 当安全防护棚的顶棚采用竹笆或木质板搭设时，应采用双层搭设，间距不应小于 700mm；当采用木质板或与其强度的其他材料搭设时，可采用单层搭设，模板厚度不应小于 50mm。防护棚的长度应根据建筑物的高度与可能坠落半径确定。防护棚如图 4-7 所示。

(2) 安全防护网搭设应符合下列规定：

1) 安全防护网搭设时，应每隔 3m 设一根支撑杆，支撑杆水平夹角不宜小于 45°。

2) 当在楼层设支撑杆时，应预埋钢筋环或在结构内外侧各设一道横杆。

3) 安全防护网应外高里低，网与网之间应拼接严密。

图 4-7 防护棚

4.9 高处作业安全防护设施的验收

建筑施工进行高处作业之前，应进行安全防护设施的逐项检查和验收。验收合格后，方可进行高处作业。验收也可分层进行或分阶段进行。

安全防护设施，应由单位工程负责人验收，并组织有关人员参加。

（1）安全防护设施验收应包括下列主要内容：

1）防护栏杆的设置与搭设。

2）攀登与悬空作业的用具与设施搭设。

3）操作平台及平台防护设施的搭设。

4）防护棚的搭设。

5）安全网的搭设。

6）安全防护设施、设备的性能与质量、所用的材料、配件的规格。

7）技术措施的节点构造，材料配件的规格、材质及其与建筑物的固定、连接状况。

（2）安全防护设施验收资料应包括下列主要内容：

1）施工组织设计中的安全技术措施或施工方案。

2）安全防护用品用具、材料和设备铲平合格证明。

3）安全防护设施验收记录。

4）预埋件隐蔽验收记录。

5）安全防护设施变更记录。

安全防护设施的验收应按类别逐项查验，并作出验收记录。凡不符合规定者，必须整改合格后再行查验。施工工期内还应定期进行抽查。

4.10 "三宝"技术要求、使用与管理

4.10.1 安全帽

1. 安全帽的分类与标记

安全帽按性能分为普通型（P）和特殊型（TD）。普通型安全帽是用于一般作业场

所，具备基本防护性能的安全帽产品；特殊型安全帽是除具备基本防护性能外，还具备多项特殊性能的安全帽产品，适用于与其性能相应的特殊作业场所。

带有电绝缘性能的特殊型安全帽，按耐受电压大小分为 G 级和 E 级。G 级电绝缘测试电压为 2200V，E 级电绝缘测试电压为 20000V。

安全帽的分类标记由产品名称和性能标记组成。

2. 技术要求

（1）一般要求

不得使用有毒、有害或引起皮肤过敏等伤害人体的材料；不得使用回收、再生材料作为安全帽受力部件（如帽壳、顶带、帽等）的原料；材料耐老化性能应不低于产品标识明示的使用期限，正常使用的安全帽在使用期限内不能因材料原因导致防护功能失效。

（2）基本性能要求

帽箍应可根据安全帽标识中明示的适用头围尺寸进行调整。帽箍对应前额的区域应有吸汗性织物或增加吸汗带，吸汗带宽度应不小于帽箍的宽度。安全帽如有下颌带，应使用宽度不小于 10mm 的织带或直径不小于 5mm 的绳。帽壳表面不能有气泡、缺损及其他有损性能的缺陷。安全帽各部件的安装应牢固，无松脱、滑落现象。

特殊型安全帽质量（不包括附件）不应超过 600g，普通型安全帽质量不应超过 430g，产品实际质量与标记质量相对误差不应大于 5%。

帽舌应≤70mm；帽沿应≤70mm；佩戴高度应≥80mm，垂直间距应≤50mm，水平间距应≥6mm。帽壳内侧与帽衬之间存在的尖锐锋利突出物高度不得超过 6mm，突出物应有软垫覆盖，当帽壳留有通气孔时，通气孔总面积不应大于 450mm²，当安全帽有下颌带时，下颌带发生破坏时的力值应介于 150～250N 之间。

当安全帽配有附件（如防护面屏、护听器、照明装置、通信设备、警示标识、信息化装置等）时，附件应不影响安全帽的佩戴稳定性，同时不影响其正常防护功能。

经高温、低温、浸水、紫外线照射预处理后做冲击测试，传递到头模的力不应大于 400N，帽壳不得有碎片脱落，穿刺测试，钢锤不得接触头模表面，帽壳不得有碎片脱落。

（3）特殊性能要求

阻燃性能、侧向刚性、耐低温性能、耐极高温性能、电绝缘性能、防静电性能以及耐熔融金属飞溅性能均应符合规范要求。

3. 检验

安全帽的检验类别可分为出厂检验和型式检验。

4. 安全帽的选择

使用者在选择安全帽时，应注意选择符合国家相关管理规定、标志齐全、经检验合格的安全帽，并应检查其近期检验报告。并且要根据不同的防护目的选择不同的品种，如带电作业场所的使用人员，应选择具有电绝缘性能并检查合格的安全帽。注意以下几点：

（1）检查"三证"，即生产许可证、产品合格证、安全鉴定证。凡是在我国国内生产销售的安全帽，按规定应具备以上证书。

（2）检查标识，检查永久性标识和产品说明是否齐全、准确，以及"安全防护"的盾牌标识。

（3）检查产品，合格的产品做工较细，不会有毛边，质地均匀。

（4）目测佩戴高度、垂直距离、水平距离等指标，用手感觉一下重量。

5. 使用与保管注意事项

安全帽的佩戴要符合标准，使用要符合规定。如果佩戴和使用不正确，就起不到充分的防护作用。一般应注意下列事项：

（1）凡进入施工现场的所有人员，都必须佩戴安全帽。作业中不得将安全帽脱下，搁置一旁，或当坐垫使用。

（2）佩戴安全帽前，应检查安全帽各配件有无损坏，装配是否牢固，外观是否完好，帽衬调节部分是否卡紧，绳带是否系紧等，确信各部件齐全完好后方可使用。

（3）按自己头围调整安全帽后箍调整戴到适合的位置，将帽内弹性带系牢。缓冲衬垫的松紧由带子调节，垂直间距一般在 25～50mm 之间，至少不要小于 32mm 为好。这样才能保证当遭受到冲击时，帽体有足够的空间可供缓冲，平时也有利于头和帽体间的通风。

（4）佩戴时一定要将安全帽戴正、戴牢，不能晃动，下颌带必须扣在颌下，并系牢，松紧要适度。调节好后箍以防安全帽脱落。

（5）使用者不能随意调节帽衬的尺寸，不能随意在安全帽上拆卸或添加附件，不能私自在安全帽上打孔，不要随意碰撞安全帽，不要将安全帽当板凳坐，以免影响其原有的防护性能。

（6）经受过一次冲击或做过试验的安全帽应作废，不能再次使用。

（7）安全帽不能在有酸、碱或化学试剂污染的环境中存放，不能放置在高温、日晒或潮湿的场所中，以免其老化变质。

（8）要定期检查安全帽，检查有没有龟裂、下凹、裂痕和磨损等情况，如存在影响其性能的明显缺陷，应及时报废。

（9）严格执行有关安全帽使用期限的规定，不得使用报废的安全帽。植物枝条编织的安全帽有效期为两年，塑料安全帽的有效期限为两年半，玻璃钢（包括维纶钢）和胶质安全帽的有效期限为三年半，超过有效期的安全帽应报废。

4.10.2 安全带

1. 安全带的分类与标记

安全带是防止高处作业人员发生坠落或发生坠落后将作业人员安全悬挂的个体防护装备。由带子、绳子和各种零部件组成。安全带按作业类别分为围杆作业安全带、区域限制安全带和坠落悬挂安全带三类。

安全带的标记由作业类别、产品性能两部分组成。

作业类别：以字母 W 代表围杆作业安全带、以字母 Q 代表区域限制安全带、以字母 Z 代表坠落悬挂安全带。

产品性能：以字母 Y 代表一般性能、以字母 J 代表抗静电性能、以字母 R 代表抗阻燃性能、以字母 F 代表抗腐蚀性能、以字母 T 代表适合特殊环境（各性能可组合）。

示例：围杆作业、一般安全带表示为"W-Y"；区域限制、抗静电、抗腐蚀安全带表示为"Q-JF"。

2. 安全带的一般技术要求

安全带不应使用回料或再生料，使用皮革不应有接缝。安全带与身体接触的一面不应有突出物，结构应平滑。腋下、大腿内侧不应有绳、带以外的物品，不应有任何部件压迫喉部、外生殖器。坠落悬挂安全带的安全绳同主带的连接点应固定于佩戴者的后背、后腰或胸前，不应位于腋下、腰侧或腹部，并应带有一个足以装下连接器及安全绳的口袋。

主带应是整根，不能有接头。宽度不应小于 40mm。辅带宽度不应小于 20mm。主带扎紧扣应可靠，不能意外开启。

腰带应和护腰带同时使用。护腰带整体硬挺度不应小于腰带的硬挺度，宽度不应小于 80mm，长度不应小于 600mm，接触腰的一面应有柔软、吸汗、透气的材料。

安全绳（包括未展开的缓冲器）有效长度不应大于 2m，有两根安全绳（包括未展开的缓冲器）的安全带，其单根有效长度不应大于 1.2m。禁止将安全绳用作悬吊绳。悬吊绳与安全绳禁止共用连接器。

用于焊接、炉前、高粉尘浓度、强烈摩擦、割伤危害、静电危害、化学品伤害等场所的安全绳应加相应护套。使用的材料不应同绳的材料产生化学反应，应尽可能透明。

织带折头连接应使用线缝，不应使用铆钉、胶粘、热合等工艺。缝纫线应采用与织带无化学反应的材料，颜色与织带应有区别。织带折头缝纫前及绳头编花前应经燎烫处理，不应留有散丝。不得之后燎烫。

绳、织带和钢丝绳形成的环眼内应有塑料或金属支架。钢丝绳的端头在形成环眼前应使用铜焊或加金属帽（套）将散头收拢。

所有绳在构造上和使用过程中不应打结。每个可拍（飘）动的带头应有相应的带箍。

所有零部件应顺滑，无材料或制造缺陷，无尖角或锋利边缘。8 字环、品字环不应有尖角、倒角，几何面之间应采用 R4 以上圆角过渡。调节扣不应划伤带子，可以使用滚花的零部件。

金属零件应浸塑或电镀以防锈蚀。金属环类零件不应使用焊接件，不应留有开口。在爆炸危险场所使用的安全带，应对其金属件进行防爆处理。

连接器的活门应有保险功能，应在两个明确的动作下才能打开。

旧产品应按现行国家标准《安全带测试方法》GB/T 6096 中 4.2 规定的方法进行静态负荷测试，当主带或安全绳的破坏负荷低于 15kN 时，该批安全带应报废或更换相应部件。

3. 安全带的标识

安全带的标识由永久标识和产品说明组成。永久性标志应缝制在主带上，内容包括：产品名称、执行标准号、产品类别、制造厂名、生产日期（年、月）、伸展长度、产品的特殊技术性能（如果有）、可更换的零部件标识应符合相应标准的规定。

可以更换的系带应有下列永久标记：产品名称及型号、相应标准号、产品类别、制造厂名、生产日期（年、月）。

每条安全带应配有一份产品说明书，随安全带到达佩戴者手中。内容包括：安全带的适用和不适用对象，整体报废或更换零部件的条件或要求，清洁、维护、贮存的方法，穿戴方法，日常检查的方法和部位，首次破坏负荷测试时间及以后的检查频次、安全带同挂点装置的连接方法等共 13 项。

4. 安全带的选择

选购安全带时，应注意选择符合国家相关管理规定、标志齐全、经检验合格的产品。

（1）根据使用场所条件确定型号。

（2）检查"三证"，即生产许可证，产品合格证，安全鉴定证。凡是在我国国内生产销售的 PPE，按规定应具备以上证书。

（3）检查特种劳动防护用品标志标识，检查安全标志证书和安全标志标识。

（4）检查产品的外观、做工，合格的产品做工较细，带子和绳子不应留有散丝。

（5）细节检查，检查金属配件上是否有制造厂的代号，安全带的带体上是否有永久性标识，合格证和检验证明，产品说明是否齐全、准确。合格证是否注明产品名称，生产年月，拉力试验，冲击试验，制造厂名，检验员姓名等情况。

5. 安全带的使用和维护

安全带的使用和维护有以下几点要求：

（1）为了防止作业者在某个高度和位置上可能出现的坠落，作业者在登高和高处作业时，必须按规定要求佩戴安全带。

（2）在使用安全带前，应检查安全带的部件是否完整，有无损伤，绳带有无变质，卡环是否有裂纹，卡簧弹跳性是否良好。金属配件的各种环不得是焊接件，边缘光滑，产品上应有"安鉴证"。

（3）使用时要高挂低用。要拴挂在牢固的构件或物体上，防止摆动或碰撞，绳子不能打结，钩子要挂在连接环上。当发现有异常时要立即更换，换新绳时要加绳套。

（4）高处作业如安全带无固定挂处，应采用适当强度的钢丝绳或采取其他方法。禁止把安全带挂在移动或带尖锐棱角或不牢固的物件上。

（5）安全带、绳保护套要保持完好，不允许在地面上随意拖着绳走，以免损伤绳套，影响主绳。若发现保护套损坏或脱落，必须加上新套后再使用。

（6）安全带严禁擅自接长使用。使用 3m 及以上的长绳必须要加缓冲器，各部件不得任意拆除。

（7）安全带在使用后，要注意维护和保管。要经常检查安全带缝制部分和挂钩部分，必须详细检查捻线是否发生裂断和残损等。

（8）安全带不使用时要妥善保管，不可接触高温、明火、强酸、强碱或尖锐物体。不要存放在潮湿的仓库中保管。

（9）安全带在使用两年后应抽验一次，使用频繁的绳要经常进行外观检查，发现异常必须立即更换。定期或抽样试验用过的安全带，不准再继续使用。

4.10.3 安全网

劳动防护用品除个人随身穿用的防护性用品外，还有少数公用性的防护性用品，如安全网、护罩、警告信号等属于半固定或半随动的防护用具。用来防止人、物坠落，或用来避免、减轻坠落及物击伤害的网具，称为安全网。

安全网按功能分为安全平网、安全立网及密目式安全立网。

1. 安全网的分类标记

（1）平（立）网的分类标记由产品材料、产品分类及产品规格尺寸三部分组成。产品分类以字母 P 代表平网、字母 L 代表立网；产品规格尺寸以宽度×长度表示，单位为米；阻燃型网应在分类标记后加注"阻燃"字样。例如：宽度为 3m，长度为 6m，材料为锦纶的平网表示为：锦纶 P—3×6；宽度为 1.5 m，长度为 6m，材料为维纶的阻燃型立网表示为：维纶 L—1.5×6 阻燃。

（2）密目网的分类标记由产品分类、产品规格尺寸和产品级别三部分组成。产品分类以字母 ML 代表密目网；产品规格尺寸以宽度×长度表示，单位为米；产品级别分为 A 级和 B 级。例如：宽度为 1.8m，长度为 10m 的 A 级密目网表示为"ML—1.8×10 A 级"。

2. 安全网的技术要求

（1）平网宽度不应小于 3m，立网宽（高）度不应小于 1.2m。平（立）网的规格尺寸与其标称规格尺寸的允许偏差为±4%。平（立）网的网目形状应为菱形或方形，边长不应大于 8cm。

（2）单张平（立）网质量不宜超过 15kg。

（3）平（立）网可采用锦纶、维纶、涤纶或其他材料制成，所有节点应固定。其物理性能、耐候性应符合现行国家标准《安全网》GB 5725 的相关规定。

（4）平（立）网上所用的网绳、边绳、系绳、筋绳均应由不小于 3 股单绳制成。绳头部分应经过编花、燎烫等处理，不应散开。

（5）平（立）网的系绳与网体应牢固连接，各系绳沿网边均匀分布，相邻两系绳间距不应大于 75cm，系绳长度不小于 80cm。平（立）网如有筋绳，则筋绳分布应合理，两根相邻筋绳的距离不应小于 30cm。当筋绳加长用作系绳时，其系绳部分必须加长，且与边绳系紧后，再折回边绳系紧，至少形成双根。

（6）平（立）网的绳断裂强力应符合现行国家标准《安全网》GB 5725 的规定。

（7）密目网的宽度应介于 1.2～2m。长度由合同双方协议条款指定，但最低不应小于2m。网眼孔径不应大于 12mm。网目、网宽度的允许偏差为±5%。

（8）密目网各边缘部位的开眼环扣应牢固可靠。开眼环扣孔径不应小于 8mm。

（9）网体上不应有断纱、破洞、变形及有碍使用的编织缺陷。缝线不应有跳针、漏缝，缝边应均匀。

（10）每张密目网允许有一个接缝，接缝部位应端正牢固。

3. 安全网的标识

安全网的标识由永久标识和产品说明书组成。

（1）安全网的永久标识包括：执行标准号、产品合格证、产品名称及分类标记、制造商名称、地址、生产日期、其他国家有关法律法规所规定必须具备的标记或标志。

（2）制造商应在产品的最小包装内提供产品说明书，应包括但不限于以下内容。

平（立）网的产品说明：平（立）网安装、使用及拆除的注意事项，储存、维护及检查，使用期限，在何种情况下应停止使用。

密目网的产品说明：密目网的适用和不适用场所，使用期限，整体报废条件或要求，清洁、维护、储存的方法，拴挂方法，日常检查的方法和部位，使用注意事项，警示"不得作为平网使用"，警示"B 级产品必须配合立网或护栏使用才能起到坠落防护作用"以及本品为合格品的声明。

4. 安全网的使用和维护

安全网的使用和维护有以下几点要求：

（1）安全网的检查内容包括：网内不得存留建筑垃圾，网下不能堆积物品，网身不能出现严重变形和磨损，以及是否会受化学品与酸、碱烟雾的污染及电焊火花的烧灼等。

（2）支撑架不得出现严重变形和磨损。其连接部位不得有松脱现象。网与网之间及网与支撑架之间的连接点也不允许出现松脱。所有绑拉的绳都不能使其受严重的磨损或有变形。

（3）网内的坠落物要经常清理，保持网体洁净。还要避免大量焊接或其他火星落入网内，并避免高温或蒸汽环境。当网体受到化学品的污染或网绳嵌入粗砂粒或其他可能引起磨损的异物时，应须进行清洗，洗后使其自然干燥。

（4）安全网在搬运中不可使用铁钩或带尖刺的工具，以防损伤网绳。

（5）安全网应由专人保管发放。如暂不使用，应存放在通风、避光、隔热、防潮、无化学品污染的仓库或专用场所，并将其分类、分批存放在架子上，不允许随意乱堆。在存放过程中，也要求对网体作定期检验，发现问题，立即处理，以确保安全。

（6）如安全网的贮存期超过两年，应按 0.2％抽样，不足 1000 张时抽样 2 张进行耐冲击性能测试，测试合格后方可销售使用。

5 施工现场临时用电安全管理

　　本章要点：电气安全基本常识，施工临时用电安全要求，施工现场临时用电管理，外电线路及电气设备防护，接地与防雷，配电室及自备电源，配电线路，配电箱及开关箱，电器装置，施工照明及用电设备等相关内容。

5.1 电气安全基本常识

5.1.1 安全电压

安全电压是指为防止触电事故而采用的 50V 以下特定电源供电的电压系列。它分为 42V、36V、24V、12V 和 6V 五个等级，根据不同的作业条件，可以选用不同的安全电压等级。

以下特殊场所必须采用安全电压照明供电：

（1）使用行灯，必须采用小于或等于 36V 的安全电压供电。

（2）隧道、人防工程、有高温、导电灰尘或距离地面高度低于 2.4m 的照明等场所，电源电压应不大于 36V。

（3）在潮湿和易触及带电体场所的照明电源电压应不大于 24V。

（4）在特别潮湿的场所，导电良好的地面、锅炉或金属容器内工作的照明电源电压不得大于 12V。

5.1.2 电线的相色

电源线路可分工作相线（火线）、工作零线和专用保护零线，一般情况下，工作相线（火线）带电危险，工作零线和专用保护零线不带电（但在不正常情况下，工作零线也可以带电）。

一般相线（火线）分为 A、B、C 三相，分别为黄色、绿色、红色；工作零线为蓝色；专用保护零线为黄绿双色线。

5.1.3 插座的使用

1. 插座的分类

常用的插座分为单相双孔、单相三孔和三相三孔、三相四孔等，如图 5-1 所示。

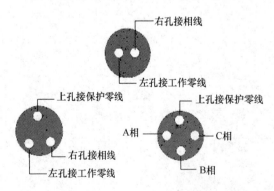

图 5-1 插座接线示意

2. 正确选用与安装接线

（1）三孔插座应选用"品字形"结构，不应选用等边三角形排列的结构，因为后者容易发生三孔互换而造成触电事故。

（2）插座在电箱中安装时，必须首先固定安装在安装板上，接地极与箱体一起作可靠的 PE 保护。

（3）三孔或四孔插座的接地孔（较粗的一个孔），必须置在顶部位置，不可倒置，两孔插座应水平并列安装，不准垂直并列安装。

（4）插座接线要求：

1）对于两孔插座，左孔接零线，右孔接相线。

2）对于三孔插座，左孔接零线，右孔接相线，上孔接保护零线。

3）对于四孔插座，上孔接保护零线，其他三孔分别接 A、B、C 三根相线。如图 5-1 所示。

关于接线可以记为"左零右火上接地"。

5.1.4　触电事故

当人体接触电气设备或电气线路的带电部分，并有电流流经人体时，人体将会因电流刺激而产生危及生命的所谓医学效应，这种现象称为人体触电。

施工现场的触电事故主要分为电击和电伤两大类，也可分为低压触电事故和高压触电事故。

电击是人体直接接触带电部分，电流通过人体，如果电流达到某一定的数值就会使人体和带电部分相接触的肌肉发生痉挛（抽筋），呼吸困难，心脏停搏，直到死亡。电击是内伤，是最具有致命危险的触电伤害。

电伤是指皮肤局部的损伤，有灼伤、烙印和皮肤金属化等伤害。

1. 触电事故的特点

由于触电事故的发生都很突然，并在相当短的时间内对人体造成严重损伤，故死亡率较高。根据事故统计，触电事故有如下特点：

（1）电压越高，危险性越大。

（2）触电事故的发生有明显的季节性。

一年中春、冬两季触电事故较少，而夏秋两季，特别是在六、七、八、九这 4 个月中，触电事故较多。

发生事故主要原因不外乎气候炎热、多雷雨，空气中湿度大，这些因素降低了电气设备的绝缘性能，人体也因炎热多汗，皮肤接触电阻变小，衣着单薄，身体暴露部分较多，大大增加了触电的可能性。一旦发生触电时，便有较大强度的电流通过人体，产生严重的后果。

（3）低压设备触电事故较多。

据统计，此类事故占总数的 90％以上。因为低压设备远较高压设备应用广泛，人们接触的机会较多，施工现场低压设备就较多，另外人们习惯称 220V/380V 的交流电源为"低压"，由于对此不够重视，丧失警惕，容易引起触电事故。

（4）发生在携带式设备和移动式设备上的触电事故多。

（5）在高温、潮湿、混乱或金属设备多的现场中触电事故多。

（6）缺乏安全用电知识或不遵守安全技术要求，违章操作和无知操作而触电的事故占绝大多数。在新工人、青年工人和非专职电工中发生该事故的占较大比重。

2. 触电类型

一般按接触电源时情况不同，常分为两相触电、单相触电和"跨步电压"触电。

（1）两相触电

人体同时接触两根带电的导线（相线）时，因为人是导体，电线上的电流就会通过人体，从一根电线流到另一根电线，形成回路，使人触电，称为两相触电。人体所受到的电压是线电压，因此触电的后果很严重。

（2）单相触电

如果人站在大地上，接触到一根带电导线时，因为大地也能导电，而且和电力系统（发电机、变压器）的中性点相连接，人就等于接触了另一根电线（中性线），所以也会造成触电，称为单相触电。

目前触电死亡事故中大部分是这种触电，一般都是由于开关、灯头、导线及电动机有缺陷而造成的。

（3）"跨步电压"触电

当输电线路发生断线故障而使导线接地时，由于导线与大地构成回路，导线中有电流通过。电流经导线入地时，会在导线周围的地面形成一个相当强的电场，此电场的电位分布是不均匀的。如果从接地点为中心划许多同心圆，这些同心圆的圆周上，电位是各不相同的，同心圆的半径越大，圆周上电位越低，反之，半径越小，圆周上电位越高。如果人畜双脚分开站立，就会受到地面上不同点之间的电位差，此电位差就是跨步电压。如沿半径方向的双脚距离越大，则跨步电压越高。

当人体触及跨步电压时，电流也会流过人体。虽然没有通过人体的全部重要器官，仅沿着下半身流过。但当跨步电压较高时，就会发生双脚抽筋，跌倒在地上，这样就可能使电流通过人体的重要器官，而引起人身触电死亡事故。

除了输电线路断线会产生跨步电压外，当大电流（如雷电流）从接地装置流入大地时，接地电阻偏大也会产生跨步电压。

因此，安全工作规程要求人们在户外不要走近断线点 8m 以内的地段。在户内，不要走近 4m 以内的地段，否则会发生人、畜触电事故，这种触电称为跨步电压触电。

3. 触电事故的主要原因

（1）缺乏电气安全知识，自我保护意识淡薄。

（2）违反安全操作规程。

（3）电气设备安装不合格。

（4）电气设备缺乏正常检修和维护。

（5）偶然因素。

5.2　施工临时用电安全要求

为了保证施工现场用电安全，住房和城乡建设部修订颁发了《施工现场临时用电安全技术规范》JGJ 46—2005（以下简称《规范》），根据现行《规范》要求和长期工作实践，一般施工现场工作人员必须了解以下安全用电要求。

（1）项目经理部应制定安全用电管理制度。

（2）项目经理应明确施工用电管理人员、电气工程技术人员和各分包单位的电气负责人。

（3）施工现场临时用电设备在 5 台及以上或设备总容量在 50kW 及以上者，应编制临时用电工程施工组织设计；临时用电设备在 5 台以下和设备总容量在 50kW 以下者，应制定安全用电技术措施和电气防火措施。

（4）地下工程使用 220V 以上电气设备和灯具时，应制定强电进入措施。

（5）工程项目每周应对临时用电工程至少进行一次安全检查，对检查中发现的问题及时整改。

（6）建筑施工现场的电工属于特殊作业工种，必须经有关部门技能培训考核合格后，持操作证上岗，无证人员不得从事电气设备及电气线路的安装、维修和拆除。

（7）电工作业应持有效证件，电工等级应与工程的难易度和技术复杂性相适应。电工作业由二人以上配合进行，并按规定穿绝缘鞋、戴绝缘手套、使用绝缘工具，严禁带电接线和带负荷拔插插头等。

（8）在建工程与外电线路的安全距离应符合现行行业标准《施工现场临时用电安全技术规范》JGJ 46 中的规定。

（9）施工现场的机动车道与外电架空线路交叉时，架空线路的最低点与路面的垂直距离应符合现行行业标准《施工现场临时用电安全技术规范》JGJ 46 中的规定。

（10）对达不到规范规定的最小距离时，必须采取防护措施，增设屏障、遮拦或停电后作业，并悬挂醒目的警告标识牌。

（11）不准在高压线下方搭设临建、堆放材料和进行施工作业。在高压线一侧作业时，必须保持 6m 以上的水平距离，达不到上述距离时，必须采取隔离防护措施。

（12）起重机不得在架空输电线下面工作，在通过架空输电线路时，应将起重臂落下，以免碰撞。

（13）在临近输电线路的建筑物上作业时，不能随便往下扔金属类杂物，更不能触摸、拉动电线或电线接触钢丝和电杆的拉线。

（14）移动金属梯子和操作平台时，要观察高处输电线路与移动物体的距离，确认有足够的安全距离，再进行作业。

（15）搬扛较长的金属物体，如钢筋、钢管等材料时，不要碰触到电线。

（16）在地面或楼面上运送材料时，不要踏在电线上。停放手推车、堆放钢模板、跳板、钢筋时不要压在电线上。

（17）在移动有电源线的机械设备，如电焊机、水泵、小型木工机械等，必须先切断电源，不能带电搬动。

（18）当发现电线坠地或设备漏电时，切不可随意跑动或触摸金属物体，并保持 10m 以上距离。

（19）不准在宿舍工棚、仓库、办公室内用电饭锅、电水壶、电炉、电热杯、电热毯、热得快等电器，如需使用应由管理部门指定地点，严禁使用电炉。

（20）不准在宿舍内乱拉乱接电源。只有专职电工可以接线、换保险丝，其他人不准私自进行，不准用其他金属丝代替熔丝（保险丝）。

（21）不准在潮湿的地上摆弄电器，不得用湿手接触电器，严禁不用插头而直接将电线的金属丝插入插座，以防触电。

（22）严禁在电线上晾衣服和挂其他东西。

（23）如果发现有损坏的电线、插头、插座，要马上报告。专职安全员应贴上警告标识，以免其他人员使用。

电是施工现场不可缺少的能源。随着各种类型的电气装置和机械设备的不断增多，而施工现场环境的特殊性和复杂性，使得现场临时用电的安全性受到了严重威胁，各种触电事故频频发生。因此，必须根据国家规范要求，采取可靠的安全防护措施和技术措施，以确保人身和机械设备的安全。施工现场临时用电的检查按照现行行业标准《建筑施工安全检查标准》JGJ 59 中的"施工用电检查评分表"进行。现行行业标准《施工现场临时用电安全技术规范》JGJ 46 对防止触电事故的发生，保障施工现场安全用电做了具体的要求。下面结合二者对施工现场用电安全的要求进行阐述。

5.3　施工现场临时用电管理

5.3.1　临时用电施工组织设计

施工现场临时用电施工组织设计是施工现场临时用电安装、架设、使用、维修和管理的重要依据，指导和帮助供、用电人员准确按照用电施工组织设计的具体要求和措施执行，确保施工现场临时用电的安全性和科学性。

《施工现场临时用电安全技术规范》JGJ 46—2005（以下简称《规范》）规定："施工现场临时用电设备在 5 台及以上或设备总容量在 50kW 及以上者，应编制用电组织设计。""临时用电设备在 5 台以下和设备总容量在 50kW 以下者，应制定安全用电措施和电气防火措施。"

（1）施工现场临时用电施工组织设计应包括的重要内容：

1）现场勘测。

2）确定电源进线、变电所或配电室、配电装置、用电设备位置及线路走向。

3）进行荷载计算。

4）选择变压器。

5）设计配电系统。

① 设计配电线路，选择导线或电缆。

② 设计配电装置，选择电器。

③ 设计接地装置。

④ 绘制临时用电工程图纸，主要包括用电工程总平面图、配电装置布置图、配电系统接线图、接地装置设计图。

6）设计防雷装置。

7）确定防护措施。

8）制定安全用电措施和电气防火措施。

（2）临时用电施工组织设计必须由电气工程技术人员组织编制，经相关部门审核及具有法人资格企业的技术负责人批准后实施。

（3）施工现场临时用电工程必须经编制、审核、批准部门和使用单位共同验收，合格后方可投入使用。

5.3.2　临时用电的档案管理

《规范》规定："施工现场临时用电必须建立安全技术档案"，其内容包括：

1. 用电组织设计的全部资料

单独编制的施工现场临时用电施工组织设计及相关的审批手续。

2. 修改用电组织设计的资料

临时用电施工组织设计及变更时，必须履行"编制、审核、批准"程序，变更用电施工组织设计时应补充有关图纸资料。

3. 用电技术交底资料

电气工程技术人员向安装、维修电工和各种用电设备人员宣贯交底的文字资料包括总体意图、具体技术要求、安全用电技术措施和电气防火措施等。交底内容必须有针对性和完整性，并有交底人员的签名及日期。

4. 用电工程检查验收表

5. 电气设备的调试、检验凭单和调试记录

电气设备的调试、测试和检验资料，主要是设备绝缘和性能完好情况。

6. 接地电阻、绝缘电阻和漏电保护器漏电动作参数测定记录表

接地电阻测定记录应包括电源变压器投入运行前其工作接地阻值和重复接地阻值。

7. 定期检（复）查表

定期检查复查接地电阻值和绝缘电阻值的测定记录等。

8. 电工安装、巡检、维修、拆除工作记录

电工维修等工作记录是反映电工日常电气维修工作情况的资料，应尽可能记载详细，包括时间、地点、设备、部位、维修内容、技术措施、处理结果等。对于事故维修还要作出分析提出改进意见。

安全技术档案应由主管该现场的电气技术人员负责建立与管理。其中"电工安装、巡检、维修、拆除工作记录"可指定电工代管，每周由项目经理审核认可，并应在临时用电工程拆除后统一归档。

5.3.3 人员管理

1. 对现场电工的要求

（1）现场电工必须经过培训，经有关部门按现行国家标准考核合格后，方能持证上岗。

（2）安装、巡检、维修或拆除临时用电设备和线路，必须由现场电工完成，并应有人监护。

（3）现场电工的等级应同工程的难易程度和技术复杂性相适应。

2. 对各类用电人员的要求

（1）必须通过相关教育培训和技术交底，考核合格后方可上岗工作。

（2）掌握安全用电的基本知识和所用设备的性能。

（3）使用电气设备前必须按规定穿戴和配备好相应的劳动防护用品，并应检查电气安全装置和保护设施是否完好，严禁设备带"缺陷"运转。

（4）保管和维护所用设备，发现问题及时报告解决。

（5）暂时停用设备的开关箱必须分断电源隔离开关，并应关门上锁。

（6）移动电气设备时，必须经电工切断电源并做妥善处理后进行。

5.4　外电线路及电气设备防护

5.4.1　外电线路防护

外电线路主要指不为施工现场专用的原来已经存在的高压或低压配电线路,外电线路一般为架空线路,个别现场也会遇到地下电缆。由于外电线路位置已经固定,所以施工过程中必须与外电线路保持一定安全距离,当因受现场作业条件限制达不到安全距离时,必须采取屏护措施,防止发生因碰触造成的触电事故。

(1)《规范》规定:在建工程不得在外电架空线路正下方施工、搭设作业棚、建造生活设施或堆放构件、架具、材料及其他杂物等。

(2)当在架空线路一侧作业时,必须保持安全操作距离。

外电线路尤其是高压线路,由于周围存在的强电场的电感应所致,使附近的导体产生电感应,附近的空气也在电场中被极化,而且电压等级越高电极化就越强,所以必须保持一定安全距离,随电压等级增加,安全距离也相应加大。施工现场作业,特别是搭设脚手架,一般立杆、大横杆钢管长 6m,如果距离太小,操作中的安全无法保障,所以这里的"安全距离"在施工现场就变成了"安全操作距离",除了必要的安全距离外,还要考虑作业条件的因素,所以距离相应加大了。

《规范》规定了各种情况下的最小安全操作距离,即与外电架空线路的边线之间必须保持的距离。

1)在建工程(含脚手架)的周边与外电线路的边线之间的最小安全距离应符合《规范》第 4.1.2 条之规定。

2)施工现场的机动车道与外电架空线路交叉时,架空线路的最低点与路面的最小垂直距离应符合《规范》第 4.1.3 条之规定。

3)起重机的任何部位或被吊物边缘在最大偏斜时与架空线路边线的最小安全距离应符合《规范》第 4.1.4 条之规定。

4)施工现场开挖沟槽边缘与外电埋地电缆沟槽边缘之间的距离不得小于 0.5m。

(3)防护措施

当达不到规范规定的最小距离时,必须采取绝缘隔离防护措施。

1)增设屏障、遮拦或保护网,并悬挂醒目的警告标志。

2)防护设施必须使用非导电材料,并考虑防护棚本身的安全(防风、防雨、防雪等)。

3)特殊情况下无法采用防护设施,则应与有关部门协商,采取停电、迁移外电线路或改变工程位置等措施,未采取上述措施的严禁施工。

防护设施与外电线路之间的安全距离不应小于表 5-1 所列数值。

防护设施与外电线路之间的最小安全距离　　　　　　　　　　　　表 5-1

外电线路电压(kV)	≤10	35	110	220	330	500
最小安全距离(m)	1.7	2.0	2.5	4.0	5.0	6.0

架设防护设施时，必须经有关部门批准，采用线路暂时停电或其他可靠的安全技术措施，并应有电气工程技术人员和专职安全人员监护。

5.4.2 电气设备防护

（1）电气设备现场周围不得存放易燃易爆物、污染源和腐蚀介质，否则应予清除或做防护处置，其防护等级必须与环境条件相适应。

（2）电气设备设置场所应能避免物体打击和机械损伤，否则应做防护处置。

（3）在塔式起重机半径范围内的用电设备设施应有防砸、防雨措施。

5.5 接 地 与 防 雷

5.5.1 接地与接零保护系统

为了防止意外带电体上的触电事故，根据不同情况应采取保护措施。保护接地和保护接零是防止电气设备意外带电造成触电事故的基本技术措施。

1. 接地与接零的概念

所谓接地，即将电气设备的某一可导电部分与大地之间用导体作电气连接，简单地说，是设备与大地作金属性连接。

接地主要有四种类别：

（1）工作接地：在电力系统中，某些设备因运行的需要，直接或通过消弧线圈、电抗器、电阻等与大地金属连接，称为工作接地（例如三相供电系统中，电源中性点的接地）。阻值应不大于4Ω。有了这种接地可以稳定系统的电压，能保证某些设备正常运行，可以使接地故障迅速切断。防止高压侧电源直接窜入低压侧，造成低压系统的电气设备被摧毁不能正常工作的情况。

（2）保护接地：因漏电保护需要，将电气设备正常运行情况下不带电的金属外壳和机械设备的金属构架（件）接地，称为保护接地。阻值应不大于4Ω。电气设备金属外壳正常运行时不带电而故障情况下就可能呈现危险的对地电压，所以这种接地可以保护人体接触设备漏电时的安全，防止发生触电事故。

（3）重复接地：在中性点直接接地的电力系统中，为了保证接地的作用和效果，除在中性点处直接接地外，在中性线上的一处或多处再作接地，称为重复接地。阻值应不大于10Ω。重复接地可以起到保护零线断线后的补充保护作用，也可降低漏电设备的对地电压和缩短故障持续时间。在一个施工现场中，重复接地不能少于三处（始端、中间、末端）。

在设备比较集中地方如搅拌机棚、钢筋作业区等应作一组重复接地；在高大设备处如塔式起重机、外用电梯、物料提升机等也要作重复接地。

（4）防雷接地：防雷装置（避雷针、避雷器等）的接地，称为防雷接地。做防雷接地的电气设备，必须同时作重复接地，阻值应不大于30Ω。

接零即电气设备与零线连接。接零分为：

1）工作接零：电气设备因运行需要而与工作零线连接，称为工作接零。

2）保护接零：电气设备正常情况不带电的金属外壳和机械设备的金属构架与保护零

线连接，称为保护接零。保护接零是将设备的碰壳故障改变为单相短路故障，保护接零与保护切断相配合，由于单相短路电流很大，所以能迅速切断保险或自动开关跳闸，使设备与电源脱离，达到避免发生触电事故的目的。

城防、人防、隧道等潮湿或条件特别恶劣施工现场的电气设备必须采用保护接零。

当施工现场与外电线路共用同一供电系统时，不得一部分设备作保护接零，另一部分作保护接地。

2. "TT" 与 "TN" 符号的含义

TT——第一个字母 T，表示工作接地；第二个字母 T，表示采用保护接地。

TN——第一个字母 T，表示工作接地；第二个字母 N，表示采用保护接零。

TN-C——保护零线 PE 与工作零线 N 合一设置的接零保护系统（三相四线）。

TN-S——保护零线 PE 与工作零线 N 分开的设置的接零保护系统（三相五线）。

TN-C-S ——在同一电网内，一部分采用 TN-C，另一部分采用 TN-S。

3. 施工现场临时用电必须采用 TN-S 系统

《规范》规定：建筑施工现场临时用电工程专用的电源中性点直接接地的 220/380V 三相四线制低压电力系统，必须符合下列规定：

（1）采用三级配电系统。

（2）采用 TN-S 接零保护系统（即三相五线制接零保护系统）。

（3）采用二级漏电保护系统。

电气设备的金属外壳必须与专用保护零线连接。专用保护零线（简称保护零线）应由工作接地线、配电室的零线或第一级漏电保护器电源侧的零线引出。

TN-C 系统有缺陷：如三相负载不平衡时，零线带电；零线断线时，单相设备的工作电流会导致电气设备外壳带电；对于接装漏电保护器带来困难等。而 TN-S 由于有专用保护零线，正常工作时不通过工作电流，三相不平衡也不会使保护零线带电。由于工作零线与保护零线分开，可以顺利接装漏电保护器等。由于 TN-S 克服了 TN-C 的缺陷，从而给施工用电安全提供了可靠保证。

4. 依现场的电源情况定，TN 系统还是 TT 系统

在低压电网已做了工作接地时，应采用保护接零，不应采用保护接地。因为用电设备发生碰壳故障时，第一，采用保护接地时，故障点电流太小，对 1.5kW 以上的动力设备不能使熔断器快速熔断，设备外壳将长时间有 110V 的危险电压；而保护接零能获取大的短路电流，保证熔断器快速熔断，避免触电事故。第二，每台用电设备采用保护接地，其阻值达 4Ω，也是需要一定数量的钢材打入地下，费工费材料；而采用保护接零敷设的零线可以多次周转使用，从经济上也是比较合理的。

但是在同一个电网内，不允许一部分用电设备采用保护接地，而另一部分设备采用保护接零，这样是相当危险的，如果采用保护接地的设备发生漏电碰壳时，将会导致采用保护接零的设备外壳同时带电。

《规范》规定："当施工现场与外电线路共用同一供电系统时，电气设备的接地、接零保护应与原系统保护一致。不得一部分设备做保护接零，另一部分设备做保护接地。"

（1）当施工现场采用电业部门高压侧供电，自己设置变压器形成独立电网的，应做工作接地，必须采用 TN-S 系统。

（2）当施工现场有自备发电机组时，接地系统应独立设置，也应采用 TN-S 系统。

（3）当施工现场采用电业部门低压侧供电，与外电线路同一电网时，应按照当地供电部门的规定采用 TT 系统或采用 TN 系统。

（4）当分包单位与总包单位共用同一供电系统时，分包单位应与总包单位的保护方式一致，不允许一个单位采用 TT 系统而另外一个单位采用 TN 系统。

5. 施工现场的电力系统严禁利用大地作相线或零线

6. 工作零线与保护零线必须严格分设

在采用了 TN-S 系统后，如果发生工作零线与保护零线错接，将导致设备外壳带电的危险。

（1）保护零线应由工作接地线处引出或由配电室（或总配电箱）电源侧的零线处引出。

（2）保护零线严禁穿过漏电保护器，工作零线必须穿过漏电保护器。

（3）电箱中应设两块端子板（工作零线 N 与保护零线 PE），保护零线端子板与金属电箱相连，工作零线端子板与金属电箱绝缘。

（4）保护零线必须做重复接地，工作零线禁止做重复接地。

7. 保护零线（PE）的设置要求

（1）保护零线必须采用绝缘导线。

配电装置和电动机械相连接的 PE 线应为截面不小于 $2.5mm^2$ 的绝缘多股铜线。手持式电动工具的 PE 线应为截面不小于 $1.5mm^2$ 的绝缘多股铜线。

（2）PE 线上严禁装设开关或熔断器，严禁通过工作电流，且严禁断线。

（3）保护零线作为接零保护的专用线，必须独用，不能他用，电缆要用五芯电缆。

（4）保护零线除了从工作接地线（变压器）或总配电箱电源侧从零线引出外，在任何地方不得与工作零线有电气连接，特别注意电箱中防止经过铁质箱壳形成电气连接。

（5）保护零线的统一标志为绿/黄双色线；相线 L1（A）、L2（B）、L3（C）相序的绝缘颜色依次为黄、绿、红色；N 线的绝缘颜色为淡蓝色；任何情况下上述颜色标记严禁混用和互相代用。

（6）保护零线除必须在配电室或总配电箱处作重复接地外，还必须在配电线路的中间处及末端做重复接地，配电线路越长，重复接地的作用越明显，为使接地电阻更小，可适当多做重复接地。

（7）保护零线的截面积应不小于工作零线的截面积，同时必须满足机械强度的要求。

5.5.2 防雷

（1）作防雷接地的电气设备，必须同时作重复接地。施工现场的电气设备和避雷装置可利用自然接地体接地，但应保证电气连接并校验自然接地体的热稳定。

（2）施工现场内的起重机、井字架、龙门架等机械设备，以及钢脚手架和正在施工的在建工程等的金属结构，应安装防雷设备，若在相邻建筑物、构筑物等设施的防雷装置接闪器的保护范围以外，则应安装防雷装置。

当最高机械设备上避雷针（接闪器）的保护范围能覆盖其他设备，且又最后退出现场，则其他设备可不设防雷装置。

（3）施工现场内所有防雷装置的冲击接地电阻值不得大于 30Ω。

（4）塔式起重机的防雷装置应单独设置，不应借用架子或建筑物的防雷装置。

（5）各机械设备或设施的防雷引下线可利用该设备或设施的金属结构体，但应保证电气连接。

（6）机械设备上的避雷针（接闪器）长度应为 1~2m。

（7）安装避雷针（接闪器）的机械设备，所有固定的动力、控制、照明、信号及通信线路，宜采用钢管敷设。钢管与该机械设备的金属结构体应做电气连接。

5.6　配电室及自备电源

（1）配电室应靠近电源，并应设在灰尘少、潮气少、振动小、无腐蚀介质、无易燃易爆物及道路畅通的地方。

（2）配电室和控制室应能自然通风，并应采取防雨雪和防止动物出入的措施。

（3）成列的配电柜和控制柜两端应与重复接地线及保护零线作电气连接。

（4）配电柜应装设电源隔离开关及短路、过载、漏电保护电器。电源隔离开关分断时应有明显可见分断点。

（5）配电室应设值班人员，值班人员必须熟悉本岗位电气设备的性能及运行方式，并持操作证上岗值班。

（6）配电室内必须保持规定的操作和维修通道宽度。

（7）配电室的建筑物和构筑物的耐火等级应不低于 3 级，室内应配置砂箱和可用于扑灭电气火灾的灭火器。

（8）配电室内设置值班或检修室时，该室边缘距配电柜的水平距离大于 1m，并采取屏障隔离。

（9）配电室的门应向外开，并配锁。

（10）配电室的照明分别设置正常照明和事故照明。

（11）配电室应保持整洁，不得堆放任何妨碍操作、维修的杂物。

（12）配电柜应装设电度表，并应装设电流、电压表。电流表与计费电度表不得共用一组电流互感器。

（13）配电柜应编号，并应有用途标记。

（14）配电柜或配电线路停电维修时，应挂接地线，并应悬挂"禁止合闸、有人工作"停电标志牌。停送电必须由专人负责。

（15）配电室内的母线涂刷有色油漆，以标志相序；以柜正面方向为基准，其涂色符合表 5-2 规定。

（16）发电机组电源必须与外电线路电源连锁，严禁并列运行。

（17）发电机组应采用电源中性点直接接地的三相四线制供电系统和独立设置 TN-S 接零保护系统，其工作接地电阻值应符合《规范》第 5.3.1 条要求。

（18）发电机供电系统应设置电源隔离开关及短路、过载、漏电保护电器。电源隔离开关分断时应有明显可见分断点。

母线涂色   表 5-2

相别	颜色	垂直排列	水平排列	引下排列
L₁ (A)	黄	上	后	左
L₂ (B)	绿	中	中	中
L₃ (C)	红	下	前	右
N	淡蓝	—	—	—

（19）发电机组并列运行时，必须装设同期装置，并在机组同步运行后再向负载供电。

（20）发电机组的排烟管道必须伸出室外。发电机组及其控制、配电室内必须配置可用于扑灭电气火灾的灭火器，严禁存放贮油桶。

（21）室外地上变压器应设围栏，悬挂警示牌，内设操作平台。变压器围栏内不得堆放任何杂物。

5.7 配 电 线 路

施工现场的配电线路一般可分为室外和室内配电线路。室外配电线路又可分为架空配电线路和电缆配电线路。

《规范》规定："架空线路必须采用绝缘导线""室内配线必须采绝缘导线或电缆"。施工现场的危险性，决定了严禁使用裸线。导线和电缆是配电线路的主体，绝缘必须良好，是直接接触防护的必要措施，不允许有老化、破损现象，接头和包扎都必须符合规定。

5.7.1 导线和电缆

（1）架空线导线截面的选择应符合下列要求：

1）导线中的计算负荷电流不大于其长期连续负荷允许载流量。

2）线路末端电压偏移不大于其额定电压的 5%。

3）三相四线制线路的 N 线和 PE 线截面不小于相线截面的 50%，单相线路的零线截面与相线截面相同。

4）按机械强度要求，绝缘铜线截面不小于 $10mm^2$，绝缘铝线截面不小于 $16mm^2$；在跨越铁路、公路、河流、电力线路挡距内，绝缘铜线截面不小于 $16mm^2$，绝缘铝线截面不小于 $25mm^2$。

（2）电缆中必须包含全部工作芯线和用作保护零线或保护线的芯线。需要三相四线制配电的电线路必须采用五芯电缆。

五芯电缆必须包含淡蓝、绿/黄两种颜色绝缘芯线。淡蓝色芯线必须用作 N 线；绿/黄双色芯线必须用作 PE 线，严禁混用。

（3）电缆类型应根据敷设方式、环境条件选择。埋地敷设宜选用铠装电缆；当选用无铠装电缆时，应能防水、防腐。架空敷设宜选用无铠装电缆。

（4）电缆截面的选择应符合前 1）～3）款的规定，根据其长期连续负荷允许载流量和允许电压偏移确定。

（5）室内配线所用导线或电缆的截面应根据用电设备或线路的计算负荷确定，但铜线截面不应小于 1.5mm²，铝线截面不应小于 2.5mm²。

（6）长期连续负荷的电线电缆其截面应按电力负荷的计算电流及国家有关规定条件选择。

（7）应满足长期运行温升的要求。

5.7.2 架空线路的敷设

（1）施工现场运电杆时及人工立电杆时，应由专人指挥。

（2）电杆就位移动时，坑内不得有人。电杆立起后，必须先架好叉木，才能撤去吊钩。电杆坑填土夯实后才允许撤掉叉木、溜绳或横绳。

（3）架空线必须架设在专用电杆上，严禁架设在树木、脚手架及其他设施上。宜采用钢筋混凝土杆或木杆。钢筋混凝土杆不得有露筋、宽度大于 0.4mm 的裂纹和扭曲；木杆不得腐朽，其梢径不应小于 14mm。电杆的埋设深度为杆长的 1/10 加 0.6m，回填土应分层夯实。在松软土质处宜加大埋入深度或采用卡盘等加固。

（4）杆上作业时，禁止上下投掷料具。料具应放在工具袋内，上下传递料具的小绳应牢固可靠。递完料具后，要离开电杆 3m 以外。

（5）架空线路的挡距不得大于 35m，线间距不得小于 0.3m，靠近电杆的两导线的间距不得小于 0.5m。

（6）架空线路横担间的最小垂直距离，横担选材、选型，绝缘子类型选择，拉线、撑杆的设置等均应符合规范要求。

（7）架空线路与邻近线路或固定物的距离应符合表 5-3 的规定。

架空线路与邻近线路或固定物的距离 表 5-3

项目	距 离 类 别				
最小净空距离（m）	架空线路的过引线、接下线下邻线		架空线与架空线电杆外缘	架空线与摆动最大的树梢	
	0.13		0.05	0.50	
最小垂直距离（m）	架空线同杆架设下方的通信、广播线路	架空线最大弧垂与地面		架空线最大弧垂与暂设工程顶端	架空线与邻近电力线路交叉
		施工现场 / 机动车道 / 铁路轨道			1kV 以下 / 1~10kV
	1.0	4.0 / 6.0 / 7.5		2.5	1.2 / 2.5
最小水平距离（m）	架空线电杆与路基边缘		架空线电杆与铁路轨道边缘	架空线边线与建筑物凸出部分	
	1.0		杆高（m）＋3.0	1.0	

除此之外，还应考虑施工各方面情况，如场地的变化，建筑物的变化，防止先架设好的架空线，与后施工的外脚手架、结构挑檐、外墙装饰等距离太近而达不到要求。

（8）架空线路必须有短路保护和过载保护。

（9）大雨、大雪及 6 级以上强风天，停止登杆作业。

94

5.7.3　电缆线路的敷设

电缆干线应采用埋地或架空敷设，严禁沿地面明敷设，并应避免机械损伤和介质腐蚀。埋地电缆路径应设方位标志。

1. 埋地敷设

（1）电缆在室外直接埋地敷设时，必须按电缆埋设图敷设，埋地敷设的深度不应小于0.7m，并应在电缆紧邻上、下、左、右侧均匀敷设不小于50mm厚的细砂，然后覆盖砖或混凝土板等硬质保护层。

（2）埋地电缆在穿越建筑物、构筑物、道路、易受机械损伤、介质体育馆场所及引出地面从2.0m高到地下0.2m处，必须加设防护套管，防护套管内径不应小于电缆外径的1.5倍。

（3）埋地电缆与其附近外电电缆和管沟的平行间距不得小于2m，交叉间距不得小于1m。

（4）埋地电缆的接头应设在地面上的接线盒内，接线盒应能防水、防尘、防机械损伤，并应远离易燃、易爆、易腐蚀场所。

（5）施工现场埋设电缆时，应尽量避免碰到下列场地：经常积、存水的地方，地下埋设物较复杂的地方，时常挖掘的地方，预定建设建筑物的地方，散发腐蚀性气体或溶液的地方，以及制造和贮存易燃易爆或燃烧的危险物质场所。

（6）应有专人负责管理埋设电缆的标志，不得将物料堆放在电缆埋设的上方。

2. 架空敷设

（1）架空电缆应沿电杆、支架或墙壁敷设，并采用绝缘子固定，绑扎线必须采用绝缘线，固定点间距应保证电缆能承受自重所带来的荷载，敷设高度应符合架空线路敷设高度的要求，但沿墙壁敷设时最大弧垂距地不得小于2.0m。

（2）架空电缆严禁沿脚手架、树木或其他设施敷设。

3. 在建工程内的电缆线路必须采用电缆埋地引入，严禁穿越脚手架引入。电缆垂直敷设应充分利用在建工程的竖井、垂直洞等，并宜靠近用电负荷中心，固定点楼层不得少于一处。电缆水平敷设宜沿墙或门口刚性固定，最大弧垂距地不得小于2.0m。

4. 装饰装修工程或其他特殊阶段，应补充编制单项施工用电方案。电源线可沿墙角、地面敷设，但应采取防机械损伤和电火措施。

5. 电缆线路必须有短路保护和过载保护，短路保护和过载保护电器与电缆的选配应符合规范要求。

5.7.4　室内配电线路

（1）室内配线应根据配线类型采用瓷瓶、瓷（塑料）夹、嵌绝缘槽、穿管或钢索敷设。明敷主干线距地面高度不得小于2.5m。

（2）潮湿场所或埋地非电缆配线必须穿管敷设，管口和管接头应密封；当采用金属管敷设时，金属管必须做等电位连接，且必须与PE线相连接。

（3）架空进户线的室外端应采用绝缘子固定，过墙处应穿管保护，距地面高度不得小于2.5m，并应采取防雨措施。

（4）钢索配线的吊架间距不宜大于 12m。采用瓷夹固定导线时，导线间距不应小于 35mm，瓷夹间距不应大于 800mm；采用瓷瓶固定导线时，导线间距不应小于 100mm，瓷瓶间距不应大于 1.5m；采用护套绝缘导线或电缆时，可直接敷设于钢索上。

（5）室内配线必须有短路保护和过载保护，短路保护和过载保护电器与绝缘导线、电缆的选配应符合规范要求。对穿管敷设的绝缘导线线路，其短路保护熔断器的熔体额定电流不应大于穿管绝缘导线长期连续负荷允许载流量的 2.5 倍。

5.7.5　作业面电线敷设

采用绝缘钩、绝缘绳挂设，高度不低于 2.5m，严禁拖地、挂设在脚手架，缠绕在钢筋上。

5.8　配电箱及开关箱

施工现场的配电箱是电源与用电设备之间的中枢环节，而开关箱是配电系统的末端，是用电设备的直接控制装置，它们的设置和运用直接影响着施工现场的用电安全。

5.8.1　三级配电、两级保护

《规范》规定："配电系统应设置配电柜或总配电箱、分配电箱、开关箱，实行三级配电"。这样，配电层次清楚，既便于管理又便于查找故障。"总配电箱以下可设若干分配电箱，分配电箱以下可设若干开关箱"。

同时要求，"动力配电箱与照明配电箱宜分别设置。当合并设置为同一配电箱时，动力和照明应分路配电；动力开关箱与照明开关箱必须分设。"使动力和照明自成独立系统，不致因动力停电，影响照明。

"两级保护"主要指采用漏电保护措施，除在末级开关箱内加装漏电保护器外，还要在总配电箱中再加装一级漏电保护器，即将电网的干线作为第一级，线路末端作为第二级。总体上形成两级保护。

5.8.2　一机一闸一漏一箱

这个规定主要是针对开关箱而言的。《规范》规定："严禁用同一个开关箱直接控制 2 台及 2 台以上用电设备（含插座）"，这就是通常所说的"一机一闸"，不允许一闸多机或一闸控制多个插座的情况，主要也是防止误操作等事故发生。

《规范》第 8.2.5 规定："开关箱必须装设隔离开关、断路器或熔断器，以及漏电保护器。当漏电保护器是同时具有短路、过载、漏电保护功能的漏电断路器时，可不装设断路器或熔断器。隔离开关应采用分段时具有可见分断点，能同时断开电源所有极的隔离电器，并应设置于电源进线端。当断路器是具有可见分段点，可不设隔离开关。"这就是一漏。因为规范规定每台用电设备都要加装漏电保护器，所以不能有一个漏电保护器保护两台或多台用电设备的情况，否则容易发生误动作和影响保护效果。另外还应避免发生直接用漏电保护器兼作电器控制开关的现象，由于将漏电保护器频繁操作，将导致损坏或影响灵敏度失去保护功能（漏电保护器与空气开关组装在一起的电器装置除外）。

《规范》第 8.1.3 规定："每台用电设备必须有各自专用的开关箱，严禁用同一个开关箱直接控制 2 台机 2 台以上用电设备（含插座）"，这就是一箱，不允许将两台用电设备的电气控制装置合置在一个开关箱内，避免发生误操作等事故。

5.8.3　配电箱及开关箱的电气技术要求

1. 材质要求

（1）配电箱、开关箱应采用冷轧钢板或阻燃绝缘材料制作，钢板厚度应为 1.2～2.0mm，其中开关箱箱体钢板厚度不得小于 1.2mm，配电箱箱体网板厚度不得小于 1.5mm，箱体表面应做防腐处理。

（2）不得采用木质配电箱、开关箱、配电板。

2. 制作要求

（1）配电箱、开关箱外形结构应能防雨、防尘，箱体应端正、牢固。箱门开、关松紧适当，便于开关。

（2）必须有门锁。

（3）配电箱、开关箱的箱体尺寸应与箱内电器的数量和尺寸相适应。

3. 安装位置要求

（1）总配电箱应设在靠近电源的区域，分配电箱应设在用电设备或负荷相对集中的区域，分配电箱与开关箱的距离不得超过 30m，开关箱与其控制的固定式用电设备的水平距离不宜超过 3m。分配电箱与开关箱的距离与手持电动工具的距离不宜大于 5m。

（2）动力配电箱与照明配电箱宜分别设置。当合并设置为同一配电箱时，动力和照明应分路配电；动力开关箱与照明开关箱必须分设。

（3）配电箱、开关箱应装设在干燥、通风及常温场所，不得装设在有严重损伤作用的瓦斯、烟气、潮气及其他有害介质中，也不得装设在易受外来固体物撞击、强烈震动、液体浸溅及热源烘烤场所。否则，应予清除或做防护处理。

（4）配电箱、开关箱周围应有足够 2 人同时工作的空间和通道，不得堆放任何妨碍操作、维修的物品，不得有灌木、杂草。

（5）固定式配电箱、开关箱的中心点与地面的垂直距离应为 1.4～1.6m。移动式配电箱、开关箱应装设在坚固、稳定的支架上，其中心点与地面的垂直距离宜为 0.8～1.6m。携带式开关箱应有 100～200mm 的箱腿。配电柜下方应砌台或立于固定支架上。

（6）开关箱必须立放，禁止倒放，箱门不得采用上下开启式，并防止碰触箱内电器。

4. 内部开关电器安装要求

（1）箱内电器安装常规是左大右小，大容量的控制开关，熔断器在左面，右面安装小容量的开关电器。

（2）箱内所有的开关电器应安装端正、牢固，不得有任何的松动、歪斜。

（3）配电箱、开关箱内的电器（含插座）应按其规定位置先紧固安装在金属或非木质阻燃绝缘电器安装板上，然后方可整体紧固在配电箱、开关箱箱体内。

（4）配电箱的电器安装板上必须分设并标明 N 线端子板和 PE 线端子板，一般放在箱内配电板下部或箱内底侧边。N 线端子板必须与金属电安装板绝缘；PE 线端子板必须与金属电器安装板做电气连接。

进出线中的 N 线必须通过 N 线端子板连接；PE 线必须通过 PE 线端子板连接。

（5）箱内电器安装板板面电器元件之间的距离和与箱体之间的距离可按照表 5-4 确定。

配电箱、开关箱内电器安装尺寸选择值 表 5-4

间距名称	最小净距（mm）
并列电器（含单极熔断器）间	30
电器进、出线瓷管（塑胶管）孔与电器边沿间	15A，30 20～30A，50 60A 及以上，80
上、下排电器进出线瓷管（塑胶管）孔间	25
电器进、出线瓷管（塑胶管）孔至板边	40
电器至板边	40

（6）配电箱、开关箱的金属箱体、金属电器安装板以及内部开关电器正常不带电的金属底座、外壳等必须通过 PE 线端子板与 PE 线做电气连接，金属箱门与金属箱必须通过采用编织软铜线做电气连接。

5. 配电箱、开关箱内接连导线要求

（1）配电箱、开关箱内的连接线必须采用铜芯绝缘导线。铝线接头万一松动，造成接触不良，产生电火花和高温，使接头绝缘烧毁，导致对地短路故障。因此为了保证可靠的电气连接，保护零线应采用绝缘铜线。

（2）导线绝缘的颜色配置正确并排列整齐。

（3）配电箱、开关箱内导线分支接头不得采用螺栓连接，应采用焊接并做绝缘包扎，不得有外露带电部分。

6. 配电箱、开关箱导线进出口处要求

（1）配电箱、开关箱中导线的进线口和出线口应设在箱体的下底面，即"下进下出"，不能设在上面、后面、侧面，更不应当从箱门缝隙中引进和引出导线。

（2）配电箱、开关箱的进、出线口应配置固定线卡、进出线应加绝缘护套并成束卡在箱体上，不得与箱体直接接触。

移动式配电箱、开关箱的进、出线应采用橡皮护套绝缘电缆，不得有接头。

5.8.4 配电箱、开关箱的使用和维护

（1）配电箱、开关箱应有名称、用途、分路标记及系统接线图，应有专人管理。

（2）配电箱、开关箱必须按照下列顺序操作：

1）送电操作顺序为：总配电箱→分配电箱→开关箱。

2）停电操作顺序为：开关箱→分配电箱→总配电箱。

但出现电气故障的紧急情况可除外。

（3）开关箱的操作人员必须按《规范》第 3.2.3 条规定操作。

（4）施工现场停止作业 1h 以上时，应将动力开关箱断电上锁。

（5）配电箱、开关箱应定期检查、维修。检查、维修人员必须是专业电工。检查、维

修时必须按规定穿、戴绝缘鞋、手套，必须使用电工绝缘工具，并应做检查、维修工作记录。

（6）对配电箱、开关箱进行定期维修、检查时，必须将其前一级相应的电源隔离开关分闸断电，并悬挂"禁止合闸、有人工作"停电标志牌，严禁带电作业。

（7）配电箱、开关箱内不得放置任何杂物，不得随意挂接其他用电设备，并应保持整洁。

（8）配电箱、开关箱内的电器配置和接线严禁随意改动。

（9）配电箱、开关箱的进线和出线严禁承受外力，严禁与金属尖锐断口、强腐蚀介质和易燃易爆物接触。

（10）配电箱、开关箱箱体应外涂安全色标、级别标志和统一编号。

（11）电箱应有防雨、防砸措施，基础应高于自然地面，防止积水；操作人员站立的位置应设置绝缘措施。

5.9 电 器 装 置

配电箱、开关箱内常用的电器装置有隔离开关、断路器或熔断器以及漏电保护器。它们都是开闭电路的开关设备。

5.9.1 常用电器装置介绍

1. 隔离开关

隔离开关一般多用于高压变配电装置中，是一种没有灭弧装置的开关设备。隔离开关的主要作用是在设备或线路检修时隔离电压，以保证安全。

隔离开关在分闸状态时有明显可见的断口，以便检修人员能清晰判断隔离开关处于分闸位置，保证其他电气设备的安全检修。在合闸状态时能可靠地通过正常负荷电流及短路故障电流。隔离开关只能切断空载的电气线路，不能切断负荷电流，更不能切断短路电流，应与断路器配合使用。因此，绝不可以带负荷拉合闸，否则，触头间所形成的电弧，不仅会烧毁隔离开关和其他相邻的电气设备，而且也可能引起相间或对地弧光造成事故。所以在停电时应先拉断路器后拉隔离开关，送电时应先合隔离开关后合断路器。如果误操作将引起设备损坏和人身伤亡。

2. 低压断路器

低压断路器（又称自动空气开关）是一种不仅可以接通和分断正常负荷电流和过负荷电流，还可以接通和分断短路电流的开关电器。低压断路器在电路中除起控制作用外，还具有一定的保护功能，如过负荷、短路、欠压和漏电保护等。低压断路器可以手动直接操作和电动操作，也可以远距离遥控操作。断路器和熔断器在使用时一般只选择一个即可。

低压断路器容量范围很大，最小为 4A，而最大可达 5000A。低压断路器广泛应用于低压配电系统各级馈出线，各种机械设备的电源控制和用电终端的控制和保护。

3. 高压断路器

高压断路器在高压开关设备中是一种最复杂、最重要的电器。它是一种能够实现控制与保护双重作用的高压电器。

（1）控制作用：在规定的使用条件下，根据电力系统运行的需要，将部分或全部电气设备以及线路投入或退出运行。

（2）保护作用：当电力系统某一部分发生故障时，在继电保护装置的作用下，自动地将该故障部分从系统中迅速切除，防止事故扩大，保护系统中各类电气设备不受损坏，保证系统安全运行。

4. 熔断器

熔断器（俗称保险丝）是一种简单的保护电器，当电气设备和电路发生短路和过载时，能自动切断电路，避免电器设备损坏，防止事故蔓延，从而对电气设备和电路起到安全保护作用。熔断器熔断时间和通过的电流大小有关，通常是电流越大，熔断时间越短。熔断器主要用作电路的短路保护，也可作为电源隔离开关使用。

熔断器由绝缘底座（或支持件）、触头、熔体等组成。熔体是熔断器的主要工作部分，熔体相当于串联在电路中的一段特殊的导线，当电路发生短路或过载时，电流过大，熔体因过热而熔化，从而切断电路。熔体常做成丝状、栅状或片状。熔体材料具有相对熔点低、特性稳定、易于熔断的特点。一般采用铅锡合金、镀银铜片、锌、银等金属。

在熔体熔断切断电路的过程中会产生电弧，为了安全有效地熄灭电弧，一般均将熔体安装在熔断器壳体内，采取措施，快速熄灭电弧。

熔断器选择的主要内容：熔断器的形式、熔体的额定电流、熔体动作选择性配合，确定熔断器额定电压和额定电流的等级。

5. 漏电保护器

漏电电流动作保护器，简称漏电保护器，也叫漏电保护开关，包括漏电开关和漏电继电器，是一种新型的电气安全装置，主要用于当用电设备（或线路）发生漏电故障，并达到限定值时，能够自动切断电源，以免伤及人身和烧毁设备。

当漏电保护装置与空气开关组装在一起时，使这种新型的电源开关具备短路保护、过载保护、漏电保护和欠压保护的功能。

（1）作用

1）当人员触电时尚未达到受伤害的电流和时间即跳闸断电，防止由于电气设备和电气线路漏电引起的触电事故。

2）设备线路漏电故障发生时，人虽未触及即先跳闸，避免设备长期存在带电隐患，以便及时发现并排除故障（因未排除故障无法合闸送电）。

3）及时切断电气设备运行中的单相接地故障，可以防止因漏电而引起的火灾或损坏设备等事故。

4）防止用电过程中的单相触电事故。

（2）漏电保护器的工作原理

依靠检测漏电或人体触电时的电源导线上的电流在剩余电流互感器上产生不平衡磁通，当漏电电流或人体触电电流达到某动作额定值时，其开关触头分断，切断电源，实现触电保护。如图 5-2 所示。

（3）漏电保护器的类型

1）按工作原理分为：电压型漏电保护开关、电流型漏电保护开关（有电磁式、电子式及中性点接地式之分）、电流型漏电继电器。

2）按极数和线数来分：有单极二线、二极二线、三极三线、三极四线、四极四线等多种漏电保护开关。

3）按脱扣器方式分为：电磁型与电子型漏电保护开关。

4）按漏电动作的电流值分为：高灵敏度型漏电开关(额定漏电动作电流为5～30mA)，中灵敏度型漏电开关（额定漏电动作电流为30～1000mA)，低灵敏度型漏电开关（额定漏电动作电流为1000mA以上）。

5）按动作时间分为：高速型（额定漏电动作电流下的动作时间小于0.1s），延时型（0.1～0.2s)，反时限型（额定漏电动作电流下为0.2～1s)。1.4倍额定漏电动作电流下为0.1～0.5s；4.4倍额定漏电动作电流下的动作时间小于0.05s。

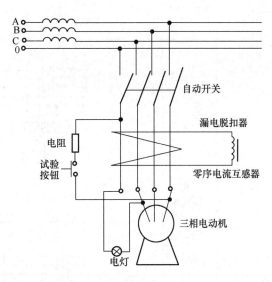

图5-2 漏电保护开关原理

（4）漏电保护器的基本结构

漏电保护器有电流动作型和电压动作型，由于电压动作型漏电保护器性能不够稳定，已很少使用。

电流动作型漏电保护器的基本结构组成主要包括三个部分：检测元件、中间环节、执行机构。其中检测元件为一0序互感器。用以检测漏电电流，并发出信号；中间环节包括比较器、放大器。用以交换和比较信号；执行机构为一带有脱扣机构的主开关，由中间环节发出指令动作，用以切断电源。

（5）漏电保护器的主要参数

漏电保护器的主要动作性能参数有额定漏电动作电流、额定漏电不动作电流、额定漏电动作时间等。其他参数还有电源频率、额定电压、额定电流等。

1）额定漏电动作电流

在规定的条件下，使漏电保护器动作的电流值。

2）额定漏电不动作电流

在规定的条件下，漏电保护器不动作的电流值，一般应选漏电动作电流值的1/2。即漏电电流在此值和此值以下时，保护器不应动作。

3）额定漏电动作时间

是指从突然施加漏电动作电流起，到保护电路被切断为止的时间。

4）额定电压及额定电流

与被保护线路和负载相适应。

（6）漏电保护器的连接方法

漏电保护器的正确使用接线方法应按图5-3选用。

（7）漏电保护器的选用

漏电保护器是按照动作特性来选择的，按照用于干线、支线和线路末端，应选用不同

系　　统	接　　线
三相 220/380V 接零 保护 系统	专用变 压器供电 TN-S 系统 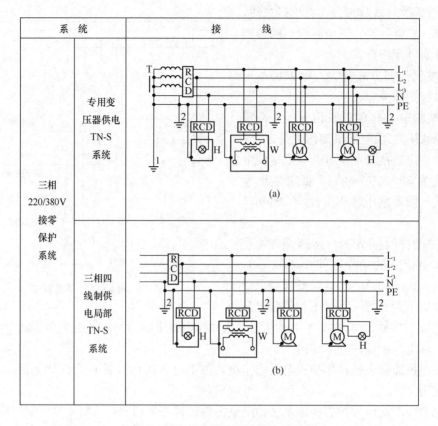
	三相四 线制供 电局部 TN-S 系统

图 5-3　漏电保护器使用接线方法示意

L₁、L₂、L₃—相线；N—工作零线；PE—保护零线、保护线；1—工作接地；2—重复接地；

T—变压器；RCD—漏电保护器；H—照明器；W—电焊机；M—电动机

灵敏度和动作时间的漏电保护器，以达到协调配合。一般在线路的末级（开关箱内），应安装高灵敏度，快速型的漏电保护器；在干线（总配电箱内）或分支线（分配电箱内），应安装中灵敏度、快速型或延时型（总配电箱）漏电保护器，以形成分级保护。

按《规范》规定，施工现场漏电保护器的选用应遵循：

1）开关箱中漏电保护器的额定漏电动作电流不应大于 30mA，额定漏电动作时间不应大于 0.1s。

2）使用于潮湿或有腐蚀介质场所的漏电保护器应采用防溅型产品，防溅型漏电保护器的额定漏电动作电流不应大于 15mA，额定漏电动作时间不应大于 0.1s。

3）Ⅱ类手持电动工具应装设防溅型漏电保护器。

装设漏电保护电器只能是防止人身触电伤亡事故的一种有效安全技术措施，不应过分夸大其作用。所以必须有供电线路的维护及其他安全措施的紧密配合。

（8）两级漏电保护器要匹配

当采用二级保护时，可将干线与分支线路作为第一级，线路末端作为第二级。

第一级漏电保护区域较大，停电后影响也大，漏电保护器灵敏度不要求太高，其漏电动作电流和动作时间应大于后面的第二级保护，这一级保护主要提供间接保护和防止漏电火灾，如果选用参数过小就会导致误动作影响正常生产。

在电路末端安装漏电动作电流小于 30mA 的高速动作型漏电保护器，这样形成分级分段保护，使每台用电设备均有两级保护措施。

分级保护时，各级保护范围之间应相互配合，应在末端发生事故时，保护器不会越级动作和当下级漏电保护器发生故障时，上级漏电保护器动作以补救下级失灵的意外情况。

1）第一级漏电保护

① 总配电箱设置漏电保护器时

设置在总配电箱内对干线也能保护，漏电保护范围大，但跳闸后影响范围也大。总配电箱一般不宜采用漏电掉闸型，总电箱电源一经切断将影响整个低压电网用电，使生产和生活遭受影响，所以保护器灵敏度不能太高，这一级主要提供间接接触保护和防止漏电火灾为主。漏电动作电流应按干线实测泄漏电流 2 倍选用，一般可选择漏电动作电流 0.2～0.5A（照明线路小，动力线路大）的中灵敏度漏电报警和延时型（≥ 0.2s）的漏电保护器。

② 分配电箱设置漏电保护器时

将第一级漏电保护器设置在分配电箱内，虽然较设在总配电箱内保护范围小，但停电范围影响也小，一般都可满足现场安全运行需要。分配电箱装设漏电保护器不但对线路和用电设备有监视作用，同时还可以对开关箱起补充保护作用。分配电箱漏电保护器主要提供间接保护作用，参数选择不能过于接近开关箱，应形成分级分段保护功能，当选择参数太大会影响保护效果，但选择参数太小会形成越级跳闸，分配电箱先于开关箱跳闸。

人体对电击的承受能力，除了和通过人体的电流大小有关外，还与电流在人体中持续的时间有关。根据这一理论，国际上把设计漏电保护器的安全限值定为 30mA·s。即使电流达到 100mA，只要漏电保护器在 0.3s 之内动作切断电源，人体尚不会引起致命的危险。这个值也是提供间接接触保护的依据。

漏电保护器按支线上实测泄漏电流值的 2.5 倍选用，一般可选漏电动作电流值为 100～200mA、漏电动作时间 0.1s（不应超过 30 mA·s 限值）。

2）第二级（末级）漏电保护

开关箱是分级配电的末级，使用频繁危险性大，应提供间接接触防护和直接接触防护，保护区域小，主要用来对有致命危险的人身触电事故防护。这一级是将漏电保护器设置在线路末端用电设备的电源进线处（开关箱内），要求设置高灵敏度、快速型的漏电保护器。应按作业条件和《规范》规定选择漏电保护器，当用电设备容量较大时（如钢筋对焊机等），为避免保护器的误动作，可选择 50mA×0.1s 的漏电保护器。

5.9.2 电器装置选择的一般规定

（1）配电箱、开关箱内的电器必须可靠、完好，严禁使用破损、不合格的电器。

（2）总配电箱的电器应具备电源隔离，正常接通与分断电路，以及短路、过载、漏电保护等功能。电器设置应符合下列原则：

1）当总路设置总漏电保护器时，还应装设总隔离开关、分路隔离开关以及总断路器、分路断路器或总熔断器、分路熔断器。当所设总漏电保护器是同时具备短路、过载、漏电保护功能的漏电断路器时，可不设总断路器或总熔断器。

2）当各分路设置分路漏电保护器时，还应装设总隔离开关、分路隔离开关以及总断路器、分路断路器或总熔断器、分路熔断器。当分路所设漏电保护器是同时具备短路、过载、漏电保护功能的漏电断路器时，可不设分路断路器或分路熔断器。

3) 隔离开关应设置于电源进线端，应采用分断时具有可见分断点，并能同时断开电源所有极的隔离电器。如采用分断时具有可见分断点的断路器，可不另设隔离开关。

4) 熔断器应选用具有可靠灭弧分断功能的产品。

5) 总开关电器的额定值、动作整定应与分路开关电器的额定值、动作整定值相适应。

(3) 总配电箱应装设电压表、总电流表、电度表及其他需要的仪表。专用电能计量仪表的装设应符合当地供用电管理部门的要求。

装设电流互感器时，其二次回路必须与保护零线有一个连接点，且严禁断开电路。

(4) 分配电箱应装设总隔离开关、分路隔离开关以及总断路器、分路断路器或总熔断器、分路熔断器。其设置和选择应符合《规范》要求。

(5) 开关箱必须装设隔离开关、断路器或熔断器以及漏电保护器。当漏电保护器是同时具有短路、过载、漏电保护功能的漏电断路器时，可不装设断路器或熔断器。隔离开关应采用分断时具有可见分断点，能同时断开电源所有极的隔离电器，并应设置于电源进线端。当断路器是具有可见分断点时，可不另设隔离开关。

(6) 开关箱中的隔离开关只可直接控制照明电路和容量不大于 3.0kW 的动力电路，但不应频繁操作。容量大于 3.0kW 的动力电路应采用断路器控制，操作频繁时还应附设接触器或其他启动控制装置。

(7) 开关箱中各种开关电器的额定值和动作整定值应与其控制用电设备的额定值和特性相适应。通用电动机开关箱中电器的规格可按《规范》选配。

(8) 漏电保护器应装设在总配电箱、开关箱靠近负荷的一侧，且不得用于启动电气设备的操作。

(9) 总配电箱中漏电保护器的额定漏电动作电流应大于 30mA，额定漏电动作时间应大于 0.1s，但其额定漏电动作电流与额定漏电动作时间的乘积不应大于 30mA·s。

(10) 总配电箱和开关箱中漏电保护器的极数和线数必须与其负荷侧负荷的相数和线数一致。

(11) 配电箱、开关箱中的漏电保护器宜选用无辅助电源型（电磁式）产品，或选用辅助电源故障时能自动断开的辅助电源型（电子式）产品。当选用辅助电源故障时不能自动断开的辅助电源型（电子式）产品时，应同时设置缺相保护。

(12) 漏电保护器应按产品说明书安装、使用。对搁置已久重新使用或连续使用的漏电保护器应逐月检测其特性，发现问题应及时修理或更换。

(13) 配电箱、开关箱的电源进线端严禁采用插头和插座做活动连接。

5.10 施 工 照 明

(1) 施工现场的一般场所宜选用额定电压为 220V 的照明器。施工现场照明应采用高光效、长寿命的照明光源。为便于作业和活动，在一个工作场所内，不得只装设局部照明。停电时，必须有自备电源的应急照明。为了节能环保，目前施工现场逐渐在采用 LED 灯及太阳能作为照明灯具及能源使用，既安全又节能。

（2）照明器使用的环境条件如下：

1）正常湿度的一般场所，选用开启式照明器。

2）潮湿或特别潮湿场所，选用密闭型防水照明器或配有防水灯头的开启式照明器。

3）含有大量尘埃但无爆炸和火灾危险的场所，应选用防尘型照明器。

4）对有爆炸和火灾危险的场所，按危险场所等级选用相应的防爆型照明器。

5）存在较强振动的场所，应选用防振型照明器。

6）有酸碱等强腐蚀介质场所，选用耐酸碱型照明器。

（3）特殊场所应使用安全特低电压照明器：

1）隧道、人防工程、高温、有导电灰尘、比较潮湿或灯具离地面高度低于2.5m等场所的照明，电源电压不应大于36V。

2）潮湿和易触及带电体场所的照明，电源电压不得大于24V。

3）特别潮湿场所、导电良好的地面、锅炉或金属容器内的照明，电源电压不得大于12V。

（4）行灯使用的要求：

1）电源电压不大于36V。

2）灯体与手柄应坚固、绝缘良好并耐热耐潮湿。

3）灯头与灯体结合牢固，灯头无开关。

4）灯泡外部有金属保护网。

5）金属网、反光罩、悬吊挂钩固定在灯具的绝缘部位上。

（5）施工现场照明线路的引出处，一般从总配电箱处单独设置照明配电箱。为了保证三相负荷平衡，照明干线应采用三相线与工作零线同时引出的方式。或者根据当地供电部门的要求以及施工现场具体情况，照明线路也可从配电箱内引出，但必须装设照明分路开关，并注意各分配电箱引出的单相照明应分相接设，尽量做到三相负荷平衡。

（6）照明变压器必须使用双绕组型安全隔离变压器，严禁使用自耦变压器。二次线圈、铁芯、金属外壳必须有可靠保护接零，并必须有防雨、防砸措施。携带式变压器的一次侧电源线应采用橡皮护套或塑料护套铜芯软电缆，中间不得有接头，长度不宜超过3m，电源插销应有保护触头。

（7）照明线路不得拴在金属脚手架、龙门架上，严禁在地面上乱拉、乱拖。灯具需要安装在金属脚手架、龙门架上时，线路和灯具必须用绝缘物与其隔离开，且距离工作面高度在3m以上。控制刀闸应配有熔断器和防雨措施。

（8）每路照明支线上，灯具和插座数量不宜超过25个，负荷电流不宜超过15A。

（9）对夜间影响飞机或车辆通行的在建工程及机械设备，必须设置醒目的红色信号灯，其电源应设在施工现场总电源开关的前侧，并应设置外电线路停止供电时的应急自备电源。

（10）照明装置

1）照明灯具的金属外壳必须与PE线相连接，照明开关箱内必须装设隔离开关、短路与过载保护电器和漏电保护器。

2）对于需要大面积照明的场所，应采用高压汞灯、高压钠灯或混光用的卤钨灯。流动性碘钨灯采用金属支架安装时，支架应稳固，灯具与金属支架之间必须用不小于0.2m

的绝缘材料隔离。

3）室外 220V 灯具距地面不得低于 3m，室内 220V 灯具距地面不得低于 2.5m。普通灯具与易燃物距离不宜小于 300mm；聚光灯、碘钨灯等高热灯具与易燃物距离不宜小于 500mm，且不得直接照射易燃物。达不到规定安全距离时，应采取隔热措施。

4）任何灯具的相线必须经开关控制，不得将相线直接引入灯具。灯具内的接线必须牢固，灯具外的接线必须做可靠的防水绝缘包扎。

5）施工照明灯具露天装设时，应采用防水式灯具，距地面高度不得低于 3m。

6）碘钨灯及钠、铊、铟等金属卤化物灯具的安装高度宜在 3m 以上，灯线应固定在接线柱上，不得靠近灯具表面。

7）投光灯的底座应安装牢固，应按需要的光轴方向将枢轴拧紧固定。

8）路灯的每个灯具应单独装设熔断器保护。灯头线应做防水弯。

9）荧光灯管应采用管座固定或用吊链悬挂，荧光灯的镇流器不得安装在易燃的结构物上。

10）一般施工场所不得使用带开关的灯头，应选用螺口灯头。相线接在与中心触头相连的一端，零线接在与螺纹口相连的一端。灯头的绝缘外壳不得有损伤和漏电。

11）暂设工程的照明灯具宜采用拉线开关控制，开关安装位置宜符合下列要求：

① 拉线开关距地面高度为 2~3m，与出入口的水平距离为 0.15~0.2m，拉线的出口向下。

② 其他开关距地面高度为 1.3m，与出入口的水平距离为 0.15~0.2m。

12）施工现场的照明灯具应采用分组控制或单灯控制。

5.11 用 电 设 备

施工现场的电动建筑机械和手持电动工具主要有起重机械、施工电梯、混凝土搅拌机、蛙式打夯机、焊机、手电钻等，这些用电设备在使用过程中容易发生导致人体触电的事故。常见的有起重机械施工中碰触电力线路，造成断路、线路漏电；设备绝缘老化、破损、受潮造成设备金属外壳漏电等，因此必须加强施工现场用电设备的用电安全管理，消除触电事故隐患。

5.11.1 基本安全要求

（1）施工现场的电动建筑机械、手持电动工具及其用电安全装置必须符合相应的国家标准、专业标准、安全技术规程和现行有关强制性标准的规定，并应有产品合格证和使用说明书。

（2）所有电动建筑机械、手持电动工具均应实行专人专机负责制，并定期检查和维修保养，确保设备可靠运行。

（3）所有电气设备的外露导电部分，均应做保护接零。对产生振动的设备其保护零线的连接点不少于两处。

（4）各类电气设备均必须装设漏电保护器并应符合规范要求。

（5）塔式起重机、外用电梯、滑升模板的金属操作平台和需要设置避雷装置的物料提升机等，除应连接 PE 线外，还应做重复接地。设备的金属结构构件之间应保证电气连接。

（6）塔式起重机、外用电梯等设备由于制造原因无法采用 TB-S 保护系统时，其电源应引自总配电柜，其配电线路应按规定单独敷设，专用配电箱不得与其他设备混用。

（7）电动建筑机械和手持式电动工具的负荷线应按其计算负荷选用无接头的橡皮护套铜芯软电缆，其性能应符合现行国家标准《额定电压 450/750V 及以下橡皮绝缘电缆》GB 5013 中第 1 部分（一般要求）和第 4 部分（软线和软电缆）的要求。截面按《规范》选配。

（8）使用 I 类手持电动工具以及打夯机、磨石机、无齿锯等移动式电气设备时必须戴绝缘手套。

（9）手持式电动工具中的塑料外壳 II 类工具和一般场所手持式电动工具中的 III 类工具可不连接 PE 线。

（10）所有用电设备拆、修或挪动时必须断电后方可进行。

5.11.2　起重机械

（1）塔式起重机的电气设备应符合现行国家标准《塔式起重机安全规程》GB 5144 中的要求。

（2）塔式起重机与外电线路的安全距离，应符合《规范》要求。

（3）塔式起重机应按《规范》要求做重复接地和防雷接地。轨道式塔式起重机应在轨道两端各设一组接地装置，两条轨道应作环形电气连接，轨道的接头处应作电气连接。对较长的轨道，每隔不大于 30m 加一组接地装置，并符合规范要求。

（4）塔式起重机的供电电缆垂直敷设时应设固定点，距离不得超过 10m，并避免机械损伤，不得直接固定在塔身上应采取绝缘、卸荷措施。轨道式塔式起重机的电缆不得拖地行走。

（5）需要夜间工作的塔式起重机，应设置正对工作面的投光灯。塔身高于 30m 时，应在塔顶和臂架端部装设红色信号灯。

（6）在强电磁波源附近工作的塔式起重机，操作人员应戴绝缘手套和穿绝缘鞋，并应在吊钩与机体间采取绝缘隔离措施，或在吊钩吊装地面物体时，在吊钩上挂接临时接地装置。

（7）外用电梯的电源控制开关应用空气自动开关，不得使用铁壳开关或胶盖闸。空气自动开关必须装入箱内，停用时上锁。

（8）外用电梯梯笼内、外均应安装紧急停止开关。

（9）外用电梯和物料提升机的上、下极限位置应设置限位开关。

（10）外用电梯和物料提升机在每日工作前必须对行程开关、限位开关、紧急停止开关、驱动机构和制动器等进行空载检查，正常后方可使用。检查时必须有防坠落措施。

5.11.3　桩工机械

（1）潜水式钻孔机电机的密封性能应符合现行国家标准《外壳防护等级（IP 代码）》GB 4208 中的 IP68 级的规定。

（2）潜水电机的负荷线应采用防水橡皮护套铜芯软电缆，长度应不小于1.5m，且不得承受外力。

（3）潜水式钻孔机开关箱应装设防溅型漏电保护器，其额定漏电动作电流不应大于15mA，额定漏电动作时间不应大于0.1s。

5.11.4 夯土机械

（1）夯土机械必须装设防溅型漏电保护器，其额定漏电动作电流不应大于15mA，额定漏电动作时间应不小于0.1s。

（2）夯土机械PE线的连接点不得少于2处。

（3）夯土机械的负荷线应采用耐气候型的橡皮护套铜芯软电缆，中间不得有接头。

（4）使用夯土机械必须按规定穿戴绝缘用品，使用过程应有专人调整电缆。电缆线长度应不大于50m，严禁电缆缠绕、扭结和被夯土机械跨越。

（5）夯土机械的操作手柄必须绝缘。

（6）多台夯土机械并列工作时，其间距不得小于5m；前后工作时，其间距不得小于10m。

5.11.5 焊接机械

（1）电焊机应放置在防雨、防砸、干燥和通风良好的地点，下方不得有堆土和积水，周围不得堆放易燃易爆物品及其他杂物。

（2）电焊机应单独设开关，装设漏电保护装置并符合《规范》规定。交流电焊机械应配装防二次侧触电保护器。

（3）交流电焊机一次线长度不应大于5m，二次线长度不应大于30m，两侧接线应压接牢固，并安装可靠防护罩，焊机二次线应采用防水型橡皮护套铜芯软电缆，中间不得超过一处接头，接头及破皮处应用绝缘胶布包扎严密。

（4）发电机式直流电焊机的换向器应经常检查和维护，应消除可能产生的异常电火花。

（5）焊机把线和回路零线必须双线到位，不得借用金属管道、金属脚手架、轨道、钢盘等作回路地线。二次线不得泡在水中，不得压在物料下方。

（6）焊工必须按规定穿戴防护用品，持证上岗。

5.11.6 手持式电动工具

（1）空气湿度小于75%的一般场所可选用Ⅰ类或Ⅱ类手持式电动工具，其金属外壳与PE线的连接点不得少于2处。除塑料外壳Ⅱ类工具外，相关开关箱中漏电保护器的额定漏电动作电流不应大于15mA，额定漏电动作时间不应大于0.1s，其负荷线插头应具备专用的保护触头。所用插座和插头在结构上应保持一致，避免导电触头和保护触头混用。

（2）在潮湿场所和金属构架上操作时，严禁使用Ⅰ类手持式电动工具，必须选用Ⅱ类或由安全隔离变压器供电的Ⅲ类手持工电动工具。金属外壳Ⅱ类手持式电动工具使用时，必须符合上一条要求。开关箱和控制箱应设置在作业场所外面。

（3）在锅炉、金属容器、地沟或管道中等狭窄场所必须选用由安全隔离变压器供电的

Ⅲ类手持式电动工具，其开关箱和安全隔离变压器均应设置在狭窄场所外面，并连接 PE 线。开关箱应装设防溅型漏电保护器，并符合《规范》要求。操作过程中，应有人在外面监护。

（4）手持式电动工具的负荷线应采用耐气候型的橡皮护套铜芯软电缆，并不得有接头。

（5）手持式电动工具的外壳、手柄、插头、开关、负荷线等必须完好无损，使用前必须做绝缘检查和空载检查，在绝缘合格、空载运转正常后方可使用。绝缘电阻不应小于表 5-5 规定的数值。

手持式电动工具绝缘电阻限值　　　　　　　　　　　　　　　表 5-5

测量部位	绝缘电阻（MΩ）		
	Ⅰ类	Ⅱ类	Ⅲ类
带电零件与外壳之间	2	7	1

注：绝缘电阻用 500V 兆欧表测量。

（6）使用手持式电动工具时，必须按规定穿、戴绝缘防护用品。

5.11.7　其他电动建筑机械

（1）施工现场消防泵的电源，必须引自现场电源总闸的上端，其电源线宜暗敷设。

（2）混凝土搅拌机、插入式振动器、平板振动器、地面抹光机、水磨石机、钢筋加工机械、木工机械、盾构机构、水泵等设备的漏电保护应符合《规范》要求。

（3）混凝土搅拌机、插入式振动器、平板振动器、地面抹光机、水磨石机、钢筋加工机械、木工机械、盾构机械的负荷线必须采用耐气候型橡皮护套铜芯软电缆，并不得有任何破损和接头。

水泵的负荷线必须采用防水橡皮护套铜芯软电缆，严禁有任何破损和接头，并不得承受任何外力。

盾构机械的负荷线必须固定牢固，距地高度不得小于 2.5m。

（4）对混凝土搅拌机、钢筋加工机械、木工机械、盾构机械等设备进行清理、检查、维修时，必须首先将其开关箱分闸断电，呈现可见电源分断点，并关门上锁。

（5）施工现场使用的鼓风机外壳必须作保护接零。鼓风机应采用胶盖闸控制，并应装设漏电保护器和熔断器，其电源线应防止受损伤和火烤。禁止使用拉线开关控制鼓风机。

（6）移动式电气设备和手持式电动工具应配好插头，插头和插座应完好无损，并不得带负荷插接。

6 焊 接 工 程

　　本章要点：焊接作业存在的不安全因素，焊接场地的安全检查，电焊机使用常识及安全要点，气焊与气割基本原理及安全要点，焊接安全管理，防火防爆的基本原则，预防触电事故的基本措施，登高焊割作业安全措施，中毒事故及其防止措施及气瓶等相关内容。

6.1　焊接作业存在的不安全因素

在焊接作业中，存在一些不卫生和不安全的因素，会产生弧光辐射、有害粉尘、有毒气体、高频电磁场、射线和噪声等有害因素。焊工需要与各种易燃易爆气体、压力容器及电器设备等相接触，还有高空焊接作业及水下焊接等，在一定条件下会引起火灾、爆炸、触电、烫伤、急性中毒和高处坠落等事故，导致工伤、死亡及重大经济损失，又能造成焊工尘肺、慢性中毒、血液疾病、眼疾和皮肤病等职业病，严重地危害着焊接作业人员的安全与健康，还会造成国家财产和生产的重大损失。

6.2　焊接场地的安全检查

（1）焊接场地检查的必要性

由于焊接场地不符合安全要求造成火灾、爆炸、触电等事故时有发生，破坏性和危害性很大。要防患于未然，必须对焊接场地进行检查。

（2）焊接场地检查的内容

检查焊接与切割作业点的设备、工具、材料是否排列整齐。检查焊接场地是否保持必要的通道。检查所有气焊胶管、焊接电缆线是否互相缠线。气瓶用后是否已移出工作场地。检查焊工作业面积是否足够，工作场地要有良好的自然采光或局部照明。检查焊割场地周围10m范围内，各类可燃易燃物品是否清除干净。对焊接切割场地检查要做到仔细观察环境，针对各类情况认真加强防护。

（3）动火前施工人员到消防保卫部门办理动火手续（动火证），作业时配备灭火器材、看火人持证上岗。

6.3　电焊机使用常识及安全要点

（1）交流电焊机是一个结构特殊的降压变压器，空载电压为60～80V，工作电压为30V；功率20～30kW，二次线电流为50～450A；电源电压380V和220V。

（2）直流电焊机是用一台三相电动机带动一台结构特殊的直流发电机；硅整流式直流电焊机是利用硅整流元件将交流电变为直流电；焊机二次线空载电压为50～80V，工作电压为30V，焊接电流为45～320A；焊机功率为12～30kW，电源电压380V和220V。

（3）交、直流电焊机应空载合闸启动，直流发电机式电焊机应按规定的方向旋转，带有风机的要注意风机旋转方向是否正确。

（4）电焊机在接入电网时须注意电压应相符，多台电焊机同时使用应分别接在三相电网上，尽量使三相负载平衡。

（5）电焊机需要并联使用时，应将一次线并联接入同一相位电路；二次电也需同相相连，对二次侧空载电压不等的焊机，应经调整相等后才可使用，否则不能并联使用。

（6）焊机二次侧把、地线要有良好的绝缘特性，柔性好，导电能力要与焊接电流相匹配，且不宜过长，不宜呈盘形状，否则将影响焊接电流。

（7）多台焊机同时使用时，当需拆除某台时，应先断电后在其一侧验电，在确认无电后方可进行拆除工作。

（8）所有交、直流电焊机的金属外壳，都必须采取保护接地或接零。接地、接零电阻值应小于40Ω。

（9）焊接的金属设备、容器本身有接地、接零保护时，焊机的二次绕组禁止设有接地或接零。

（10）多台焊机的接地、接零线不得串接接入接地体，每台焊机应设独立的接地、接零线，其接点应用螺栓压紧。

（11）每台电焊机须设专用断路开关，并有与焊机相匹配的过流保护装置。一次线与电源接点不宜用插销连接，其长度不得大于5m，且须双层绝缘。

（12）电焊机二次侧把、地线需接长使用时，应保证搭接面积，接点处用绝缘胶带包裹好，接点不宜超过两处；严禁长距离使用管道、轨道及建筑物的金属结构或其他金属物体串接起来作为导线使用。

（13）电焊机的一次、二次接线端应有防护罩，且一次接线端需用绝缘带包裹严密；二次接线端应使用线卡子压接牢固。

（14）电焊机应放置在干燥和通风的地方（水冷式除外），露天使用时其下方应防潮且高于周围地面；上方应设防雨雪或搭设防雨棚。

6.4 气 焊 与 气 割

6.4.1 气焊与气割的原理和应用

1. 气焊原理与应用

（1）气焊原理

气焊是利用可燃气体与氧气混合燃烧的火焰来加热金属的一种熔化焊。

1）可燃气体：可燃气体有乙炔、丙烷、丙烯、氢气和炼焦煤气等，其中以乙炔燃烧的温度最高达3100～3300℃，其他几种气体的焊接效果均不如乙炔，所以乙炔在气焊中一直占主导地位。乙炔是可燃易爆气体，电石是遇水燃烧一级危险品。

2）氧气：氧气是强氧化剂。气焊、气割使用的是压缩纯氧。氧气瓶的最高工作压力为14.7MPa，纯度为99.2%或98.5%。

3）焊剂

气焊有色金属、铸铁和不锈钢时，还需要使用焊剂。焊剂是气焊时的助熔剂，其作用是排除熔池里的高熔点金属氧化物，并以熔渣覆盖在焊缝表面，使熔池与空气隔绝，防止熔化金属被氧化，从而改善焊缝质量。

焊剂可分为化学作用气焊剂和物理作用气焊剂两类。

（2）应用

目前由于焊条电弧焊、CO_2气体保护焊、氩弧焊等焊接工艺的迅速发展和广泛应用，气焊的应用范围有所缩小，但在铜、铝等有色金属及铸铁的焊接和修复，碳钢薄板的焊接及小直径管道的制造和安装还有着大量的应用。由于气焊火焰调节灵活方便。因此在弯曲、矫直、预热、后热、堆焊、淬火及火焰钎焊等各种工艺操作中得到应用。此外，建筑、安装、维修及野外施工等没有电源的场所，无法进行电焊时常使用气焊。

2. 气割原理与应用

（1）气割原理

气割是利用可燃气体与氧气混合通过割炬的预热割嘴导出并且燃烧生成预热火焰加热金属的。气割过程是，金属被预热到着火点后，即从切割嘴的中心孔喷出切割氧，使金属遇氧开始燃烧，产生大量的热。这些热量与预热火焰一起使下一层的金属被加热，燃烧就迅速扩展到整个金属的深处。金属燃烧时形成的氧化物，在熔化状态下被切割氧流从反应区吹走，使金属被切割开来。如果将割炬沿着直线或曲线以一定的速度移动，则金属的燃烧也将沿着该线进行。

（2）气割常用的可燃气体

气割用燃气最早使用的是乙炔，至今仍然广泛应用。随着工业的发展，人们探索出多种乙炔代用气体，如丙烷、丙烯、天然气、液化石油气（以丙烷、丁烷为主要成分），以及乙炔与丙烷、乙炔与丙烯混合气等。目前作为乙炔的代用气体中，丙烷的用量最大。

（3）应用

气割技术广泛用于生产中的备料，切割材料的厚度可以从薄板（小于10mm）到极厚板（800mm以上），被切割材料的形状包括板材、钢锭、铸件冒口、钢管、型钢、多层板等。随着机械化、半机械化气割技术的发展，特别是数控火焰切割技术的发展使得气割可以代替部分机械加工，有些焊件的坡口可一次直接用气割方法切割出来，切割后直接进行焊接。气割还广泛用于因更新换代的旧流水线设备的拆除、重型废旧设备和设施的解体等。气割技术的应用领域几乎覆盖了建筑、机械、造船、石油化工、矿山冶金、交通能源等许多工业部门。

6.4.2 气焊与气割安全

1. 气焊与气割材料和设备使用安全

（1）氧气与氧气瓶

1）氧气

在常温和大气压下，氧气是一种无色、无味、无臭的活泼助燃气体，是强氧化剂。空气中含氧20.9%，气焊与气割用一级纯氧纯度为99.2%，二级为98.5%，满灌氧气瓶的压力为14.7MPa。

使用安全要求如下：

① 严禁用以通风换气。

② 严禁作为气动工具动力源。

③ 严禁接触油脂和有机物。

④ 禁止用来吹扫工作服。

2）氧气瓶

氧气瓶是用来贮存和运输氧气的高压容器。最高工作压力为14.7MPa，搬运装卸时还要承受振动、滚动和碰撞冲击等外界作用力。瓶装压缩纯氧是强烈氧化剂，由于氧气中通常含有水分，瓶内壁会受到腐蚀损伤，因此对氧气瓶的制造质量要求十分严格，出厂前必须经过严格技术检验，以确保质量完好。

氧气瓶安全措施：

① 为了保证安全，氧气瓶在出厂前必须按照《气瓶安全监察规程》的规定，严格进行技术检验。检验合格后，应在气瓶肩部的球面部分作明显的标志，标明瓶号、工作压力和检验压力、下次试压日期等。

② 充灌氧气瓶时，必须首先进行外部检查，同时还要化验鉴别瓶内气体成分，不得随意充灌。气瓶充灌时，气体流速不能过快，否则易使气瓶过热，压力剧增，造成危险。

③ 气瓶与电焊机在同一工地使用时，瓶底应垫以绝缘物，以防气瓶带电。与气瓶接触的管道和设备要有接地装置，防止由于产生静电而造成燃烧或爆炸。

冬季使用气瓶时由于气温比较低，加之高压气体从钢瓶排出时，吸收瓶体周围空气中的热量，所以瓶阀或减压器可能出现结霜现象。可用热水或蒸汽解冻，严禁使用火焰烘烤或用铁器敲击瓶阀，也不能猛拧减压器的调节螺丝，以防气体大量冲出造成事故。

④ 运输与防振。在贮运和使用过程中，应避免剧烈振动和撞击，搬运气瓶必须用专门的抬架或小推车，禁止直接使用钢绳、链条、电磁吸盘等吊运氧气瓶。车辆运输时，应用波浪形瓶架将气瓶妥善固定，并应戴好瓶帽，防止损坏瓶阀。轻装轻卸，严禁从高处滑下或在地面滚动气瓶。使用和贮存时，应用栏杆或支架加以固定、扎牢，防止突然倾倒。不能把氧气瓶放在地上滚动，不能与可燃气瓶、油料及其他可燃物放在一起运输。

⑤ 防热。氧气瓶应远离高温、明火和熔融金属飞溅物，操作中氧气瓶应距离乙炔瓶，安全规则规定应相距 5m 以上。夏季在室外使用时应加以覆盖，不得在烈日下暴晒。

⑥ 开气应缓慢，防静电火花和绝热压缩。

⑦ 留有余气。氧气瓶不能全部用尽，应留有余气 0.2～0.3MPa，使氧气瓶保持正压，并关紧阀门防止漏气。目的是预防可燃气体倒流进入瓶内，而且在充气时便于化验瓶内气体成分。

⑧ 不得使用超过应检期限的气瓶。氧气瓶在使用过程中，必须按照安全规则的规定，每 3 年进行一次技术检验。每次检验合格后，要在气瓶肩部的标志上标明下次检验日期。满灌的氧气瓶启用前，首先要查看应检期限，如发现逾期未作检验的气瓶，不得使用。

⑨ 防油。氧气瓶阀不得沾附油脂，不得用沾有油脂的工具、手套或油污工作服等接触瓶阀和减压器。

⑩ 使用氧气瓶前，应稍打开瓶阀，吹掉瓶阀上粘附的细屑或脏物后立即关闭，然后接上减压器使用。

⑪ 开启瓶阀时，应站在瓶阀气体喷出方向的侧面并缓慢开启，避免气流朝向人体。

⑫ 要消除带压力的氧气瓶泄漏，禁止采用拧紧瓶阀或垫圈螺母的方法。禁止手托瓶帽移动氧气瓶。

⑬ 禁止使用氧气代替压缩空气吹净工作服、乙炔管道。禁止将氧气用作试压和气动工具的气源。禁止用氧气对局部焊接部位通风换气。

（2）乙炔和乙炔瓶

1）乙炔

乙炔属于不饱和的碳氢化合物，化学式为 C_2H_2，结构简式为 $HC\equiv CH$，具有高的键能，化学性质非常活泼，容易发生加成、聚合和取代等各种反应。在常温常压下，乙炔是一种高热值的容易燃烧和爆炸的气体，相对密度为 0.91。

2）乙炔瓶

气焊与气割用乙炔，除了各厂矿自己用乙炔发生器制取外，也可采用专门工厂制造的乙炔瓶溶解乙炔。

由于乙炔能很好地溶解于许多液体之中，尤其是有机溶剂，工业上常常应用丙酮（CH_3COCH_3）溶解乙炔。溶解于丙酮内的乙炔比气态乙炔的爆炸危险小得多，如果将溶液吸收在具有显微孔的固态多孔填料内，则溶解的乙炔就更安全。

乙炔在丙酮中有较大的溶解度，在15℃和0.2MPa时每升丙酮可溶解23L乙炔。提高压力，则溶解度增大，提高温度则相反，溶解度减小。

与在气焊气割加工地点由乙炔发生器直接得到的气态乙炔相比，溶解乙炔具有许多显著的优点。

乙炔瓶的安全措施如下：

① 与氧气瓶安全措施的①～⑥条相同（其中有关气瓶的出厂检验，应按照《溶解乙炔瓶安全监察规程》的规定）。

② 使用乙炔瓶时，必须配用合格的乙炔专用减压器和回火防止器。乙炔瓶阀必须与乙炔减压器连接可靠。严禁在漏气的情况下使用。否则，一旦触及明火将可能发生爆炸事故。

③ 瓶体表面温度不得超过40℃。瓶温过高会降低丙酮对乙炔的溶解度，导致瓶内乙炔压力急剧增高。在普通大气压下，温度15℃时，1L丙酮可溶解23L乙炔，30℃为16L，40℃时为13L。因此，在使用过程中要经常用手触摸瓶壁，如局部温度升高超过40℃（会有些烫手），应立即停止使用，在采取水浇降温并妥善处理后，送充气单位检查。

④ 乙炔瓶存放和使用时只能直立，不能横躺卧放，以防丙酮流出而引起燃烧爆炸（丙酮与空气混合气的爆炸极限为2.9%～13%）。乙炔瓶直立牢靠后，应静候15min左右，才能装上减压器使用。开启乙炔瓶的瓶阀时，焊工应站在阀口侧后方，动作要轻缓，不要超过一圈半，一般情况只开启3/4圈。

⑤ 存放乙炔瓶的室内应注意通风换气，防止泄漏的乙炔气滞留。

⑥ 乙炔瓶不得遭受剧烈震动或撞击，以免填料下沉，形成净空间。

⑦ 乙炔瓶的充灌应分两次进行。第一次充气后的静置时间不少于8h，然后再进行第二次充灌。

⑧ 瓶内气体严禁用尽，必须留有不低于表6-1规定的剩余乙炔。

乙炔瓶内剩余压力与环境温度的关系　　　　　表6-1

环境温度（℃）	<0	0～15	15～25	25～40
剩余压力（MPa）	0.05	0.1	0.2	0.3

⑨ 禁止在乙炔瓶上放置物件、工具，或缠绕、悬挂橡胶软管和焊炬、割炬等。

⑩ 瓶阀冻结时，可用40℃热水解冻。严禁火烤。

（3）液化石油气与气瓶

1) 液化石油气

石油气是炼油工业的副产品。其成分不稳定，主要由丙烷(C_3H_8，一般大约占50％～80％)、丙烯(C_3H_6)、丁烷(C_4H_{10})和丁烯(C_4H_8)等气体混合组成。在常温、常压下组成石油气的这些碳氢化合物以气体状态存在，但只要加上不大的压力即变成液体，因此便于装入瓶中贮存和运输。

使用安全要求：

① 使用和贮存石油气瓶的车间和库房的下水道排出口，应设置安全水封；电缆沟进出口应填装砂土，暖气沟进出口应砌砖抹灰，防止石油气窜入其中发生火灾爆炸。室内通风孔除设在高处外，低处也设有通风孔，以利于空气对流。

② 不得擅自倒出石油气残液，以防遇火成灾。

③ 必须采用耐油性强的橡胶，不得随意更换衬垫和胶管，以防腐蚀漏气。

④ 点火时应先点燃引火物，燃后打开气阀。

2) 液化石油气瓶

液化石油气瓶一般采用16Mn钢。优质碳素钢等薄板材料制造，气瓶壁厚为2.5～4mm。气瓶贮存量分别为10kg、15kg及30kg等。一般民用气瓶大多为10kg，工业上常采用20kg或30kg气瓶。如果用量很大，还可制造容量为1.5～3.5t的大型贮罐。气瓶漆银灰色，并用红色写上"液化石油气"字样。

液化石油气瓶最大工作压力为1.56MPa，水压试验压力为3MPa。气瓶试验鉴定后，应在固定于瓶体上的金属牌上注明：制造厂名、编号、重量、容量、制造日期、试验日期、工作压力、试验压力等，并标有制造厂检查部门的钢印。

液化石油气瓶安全措施：

① 同氧气瓶安全措施的①～⑥。

② 气瓶充灌必须按规定留出气化空间，不能充灌过满。

③ 衬垫、胶管等必须采用耐油性强的橡胶，不得随意更换衬垫和胶管，以防因受腐蚀而发生漏气。

④ 冬季使用液化石油气瓶，可在用气过程中以低于40℃的温水加热或用蛇管式或列管式热水汽化器。禁止把液化石油气瓶直接放在加热炉旁或用明火烘烤或沸水加热。

⑤ 使用和贮存液化石油气瓶的车间和库房下水道的排出口，应设置安全水封，电缆沟进出口应填装砂土，暖气沟进出口应砌砖抹灰，防止气体窜入其中发生火灾爆炸。室内通风孔除设在高处外，低处也应设有通风孔，以利于空气对流。

⑥ 不得自行倒出石油气残液，以防遇火成灾。

⑦ 液化石油气瓶出口连接的减压器，应经常检查其性能是否正常。减压器的作用不仅是把瓶内的液化石油气压力从高压减到3510Pa的低压，而且在切割时，如果氧气倒流入液化气系统，减压器的高压端还能自动封闭，具有逆止作用。

⑧ 要经常注意检查气瓶阀门及连接管接头等处的密封情况，防止漏气。气瓶用完后要关闭全部阀门，严防漏气。

⑨ 液化石油气瓶内的气体禁止用尽。瓶内应留有一定量的余气，便于充装前检查气样。

（4）减压器

1) 减压器的作用

减压器是将高压气体降为低压气体的调节装置。减压器的作用是将气瓶内的高压气体降为使用压力气体（减压），且能调节所需要的使用压力（调压），并能保持使用压力不变（稳压）。此外，减压器还有逆止作用，可以防止氧气倒流进入可燃气瓶。

气焊气割用的减压器按用途分，有氧气减压器、乙炔减压器和液化石油气减压器等。

2) 减压器安全要求

① 减压器应选用符合国家标准规定的产品。如果减压器存在表针指示失灵、阀门泄漏、表体含有油污未处理等缺陷，禁止使用。

② 氧气瓶、溶解乙炔瓶、液化石油气瓶等都应使用各自专用的减压器，不得自行换用。

③ 安装减压器前，应稍许打开气瓶阀吹除瓶口上的污物。瓶阀应慢慢打开，不得用力过猛，以防止高压气体冲击损坏减压器。焊工应站立在瓶口的一侧。

④ 减压器在专用气瓶上应安装牢固。采用螺纹连接时，应拧足 5 个螺纹以上，采用专门夹具夹紧时，装卡应平整牢靠。

⑤ 当发现减压器发生自流现象和减压器漏气时，应迅速关闭气瓶阀，卸下减压器，并送专业修理点检修，不准自行修理后使用。新修好的减压器应有检修合格证明。

⑥ 同时使用两种不同气体进行焊接、气割时，不同气瓶减压器的出口端都应各自装有单向阀，防止相互倒灌。

⑦ 禁止用棉、麻绳或一般橡胶等易燃物料作为氧气减压器的密封垫圈。禁止油脂接触氧气减压器。

⑧ 必须保证用于液化石油气、熔解乙炔或二氧化碳等用的减压器位于瓶体的最高部位，防止瓶内液体流入减压器。

⑨ 冬季使用减压器应采取防冻措施。如果发生冻结，应用热水或水蒸气解冻，严禁火烤、锤击和摔打。

⑩ 减压器卸压的顺序是：首先，关闭高压气瓶的瓶阀；然后，放出减压器内的全部余气；最后放松压力调节螺钉使表针降至零位。

⑪ 不准在减压器上挂放任何物件。

(5) 气瓶的定期检验和涂色

气瓶在使用过程中必须根据国家《气瓶安全监察规程》和《溶解乙炔瓶安全监察规程》的要求，进行定期技术检验。充装无腐蚀性气体的气瓶，每 3 年检验一次；充装有腐蚀性气体的气瓶，每两年检验一次。气瓶在使用过程中如发现有严重腐蚀、损伤或有怀疑时，可提前进行检验。

(6) 回火现象与回火防止器

1) 回火现象

气焊气割发生的回火是气体火焰进入喷嘴逆向燃烧的现象。在正常情况下，喷嘴里混合气流出速度与混合气燃烧速度相等，气体火焰在喷嘴口稳定燃烧。如果混合气流出速度比燃烧速度快，则火焰离开喷嘴一段距离再燃烧。如果喷嘴里混合气流出速度比燃烧速度慢，则气体火焰就进入喷嘴逆向燃烧。这是发生回火的根本原因。

2) 回火防止器

也叫回火保险器，是装在燃气管路上防止向气源回烧的保险装置。其作用是在气焊气割过程发生回火时，能有效地截住回火，阻止回火火焰逆向燃烧到气源而引起爆炸。简而言之，回火防止器的作用就是阻止回火。

（7）焊炬、割炬

1）构造原理

① 焊炬

焊炬的作用是使可燃气体和氧气按一定比例互相均匀混合，以获得具有所需温度和热量的火焰。在焊接过程中，由于焊炬的工作性能不正常或操作失误，往往会导致焊接火焰自焊炬烧向胶管内而产生回火燃烧、爆炸事故，或熔断焊炬。为了安全使用焊炬，需要对其结构原理作一简单介绍。

焊炬又名焊枪、龙头、烧把或熔接器。按可燃气体与氧气混合的方式分为射吸式和等压式两类。

② 割炬

割炬的作用是使氧气与乙炔按比例进行混合，形成预热火焰，并将高压纯氧喷射到被切割的工件上，使切割处的金属在氧射流中燃烧，氧射流并把燃烧生成物吹走而形成割缝。

2）焊炬、割炬的使用安全技术

① 焊炬和割炬应符合规范的要求。

② 焊炬、割炬的内腔要光滑，气路通畅，阀门严密，调节灵敏，连接部位紧密而不泄漏。

③ 先安全检验后点火

使用前必须先检查其射吸性能。射吸性能检查正常后，接着检查是否漏气。

④ 点火

经以上检查合格后，才能给焊炬点火。点火时有先开乙炔和先开氧气两种方法。先开氧气点火时应先把氧气阀稍微打开，然后打开乙炔阀。点火后立即调整火焰，使火焰达到正常情况。先开乙炔点火是在点火时先开乙炔阀点火，使乙炔燃烧并冒烟灰，此时立即开氧气阀调节火焰。

⑤ 关火

关火时，应先关乙炔后关氧气，防止火焰倒袭和产生烟灰。使用大号焊嘴的焊炬在关火时，可先把氧气开大一点，然后关乙炔，最后再关氧气。先开大氧气是为了保持较高流速，有利于避免回火。

⑥ 回火

发生回火时应急速关乙炔，随即关氧气，尽可能缩短操作时间，动作连贯。如果动作熟练，可以同时完成操作。倒袭的火焰在焊炬内会很快熄灭。等枪管体不烫手后，再开氧气，吹出残留在焊炬里的烟灰。

此外，在紧急情况下可拔去乙炔胶管，为此，一般要求乙炔胶管与焊炬接头的连接，应掌握避免太紧或太松，以不漏气并能插上和拔下为原则。

⑦ 防油

焊炬的各连接部位、气体通道及调节阀等处，均不得粘附油脂，以防遇氧气产生燃烧和爆炸。

⑧ 禁止在使用中把焊炬、割炬的嘴在平面上摩擦来清除嘴上的堵塞物。不准把点燃的割炬放在工件或地面上。

⑨ 焊嘴和割嘴温度过高时,应暂停使用或放入水中冷却。

⑩ 焊炬、割炬暂不使用时,不可将其放在坑道、地沟或空气不流通的工件以及容器内。防止因气阀不严密而漏出乙炔,使这些空间内存积易爆炸混合气,易造成遇明火而发生爆炸。

⑪ 焊炬、割炬的保存

焊炬、割炬停止使用后,应拧紧调节手轮并挂在适当的场所,也可卸下胶管,将焊炬、割炬存放在工具箱内。必须强调指出,禁止为使用方便而不卸下胶管,将焊炬、胶管和气源作永久性连接,并将焊炬随意放在容器里或锁在工具箱内。这种做法容易造成容器或工具箱的爆炸或在点火时发生回火,并容易引起氧气胶管爆炸。

3)割炬使用安全要求

除上述焊炬和割炬使用的安全要求外,割炬还应注意以下两点:

① 在开始切割前,工件表面的漆皮、铁屑和油水污物等应加以清理。在水泥地路面上切割时应垫高工件,防止锈皮和水泥地面爆溅伤人。

② 在正常工作停止时,应先关闭氧气调节阀,再关闭乙炔和预热氧阀。

(8)胶管

胶管的作用是向焊割炬输送氧气和乙炔气。用于气焊与气割的胶管由优质橡胶内、外胶层和中间棉织纤维层组成,整个胶管需经过特别的化学加工处理,以防止其燃烧。

6.4.3 气焊与气割安全操作

1. 气焊、气割操作中的安全事故原因及防护措施

由于气焊、气割使用的是易燃、易爆气体及各种气瓶,而且又是明火操作,因此在气焊、气割过程中存在很多不安全的因素。如果不小心就会造成安全事故。因此必须在操作中遵守安全规程并予以防护。气焊、气割中的安全事故主要有以下几个方面。

(1)爆炸事故原因及其防护措施:

气焊、气割中的爆炸事故的原因有:

1)气瓶温度过高引起爆炸。气瓶内的压力与温度有密切关系,随着温度的上升,气瓶内的压力也将上升。当压力超过气瓶耐压极限时就将发生爆炸。因此,应严禁暴晒气瓶,气瓶的放置应远离热源,以避免温度升高引起爆炸。

2)气瓶受到剧烈振动也会引起爆炸。要防止磕碰和剧烈颠簸。

3)可燃气体与空气或氧气混合比例不当,会形成具有爆炸性的预混气体。要按照规定控制气体混合比例。

4)氧气与油脂类物质接触也会引起爆炸。要隔绝油脂类物质与氧气的接触。

(2)火灾及其防护措施

由于气焊、气割是明火操作,特别是气割中产生大量飞溅的氧化物熔渣。如果火星和高温熔渣遇到可燃、易燃物质时,就会引起火灾。

(3)烧伤、烫伤及其防护措施

1）因焊炬、割炬漏气而造成烧伤。

2）因焊炬、割炬无射吸能力发生回火而造成烧伤。

3）气焊、气割中产生的火花和各种金属及熔渣飞溅，尤其是全位置焊接与切割还会出现熔滴下落现象，更易造成烫伤。

因此，焊工要穿戴好防护器具，控制好焊接、气割的速度，减少飞溅和熔滴下落。

（4）有害气体中毒及其防护措施

气焊、气割中会遇到各类不同的有害气体和烟尘。例如，铅的蒸发引起铅中毒，焊接黄铜产生的锌蒸气引起的锌中毒。某些焊剂中的有毒元素，如有色金属焊剂中含有的氯化物和氟化物，在焊接中会产生氯盐和氟盐的燃烧产物，会引起焊工急性中毒。另外，乙炔和液化石油气中均含有一定的硫化氢、磷化氢，也都能引起中毒。所以，气焊、气割过程中必须加强通风。

总之，气焊、气割中的安全事故会造成严重危害。因此，焊工必须掌握安全使用技术，严格遵守安全操作规程，确保生产的安全。

2. 气焊、气割的主要安全操作规程

（1）所有独立从事气焊、气割作业人员必须经劳动安全部门或指定部门培训，经考试合格后持证上岗。

（2）气焊、气割作业人员在作业中应严格按各种设备及工具的安全使用规程操作设备和使用工具。

（3）所有气路、容器和接头的检漏应使用肥皂水，严禁明火检漏。

（4）工作前应将工作服、手套及工作鞋、护目镜等穿戴整齐。各种防护用品均应符合国家有关标准的规定。

（5）各种气瓶均应竖立稳固或装在专用的胶轮车上使用。

（6）气焊、气割作业人员应备有开启各种气瓶的专用扳手。

（7）禁止使用各种气瓶做登高支架或支撑重物的衬垫。

（8）焊接与切割前应检查工作场地周围的环境，不要靠近易燃、易爆物品。如果有易燃、易爆物品，应将其移至 10m 以外。要注意氧化渣在喷射方向上是否有他人在工作，要安排他人避开后再进行切割。

（9）焊接切割盛装过易燃及易爆物料（如油、漆料、有机溶剂、脂等）、强氧化物或有毒物料的各种容器（桶、罐、箱等）、管段、设备，必须遵守《化工企业焊接与切割中的安全》有关章节的规定，采取安全措施。并且应获得本企业和消防管理部门的动火证明后才能进行作业。

（10）在狭窄和通风不良的地沟、坑道、检查井、管段等半封闭场所进行气焊、气割作业时，应在地面调节好焊割炬混合气，并点好火焰，再进入焊接场所。焊炬、割炬应随人进出，严禁放在工作地点。

（11）在密闭容器、桶、罐、舱室中进行气焊气割作业时，应先打开施工处的孔、洞、窗，使内部空气流通，防止焊工中毒烫伤。必要时要有专人监护。工作完毕或暂停时，焊割炬及胶管必须随人进出，严禁放在工作地点。

（12）禁止在带压力或带电的容器、罐、柜、管道、设备上进行焊接和切割作业。在特殊情况下需从事上述工作时，应向上级主管安全部门申请，经批准并做好安全防护措施后操作方可进行。

（13）焊接切割现场禁止将气体胶管与焊接电缆、钢绳绞在一起。

（14）焊接切割胶管应妥善固定，禁止缠绕在身上作业。

（15）在已停止运转的机器中进行焊接与切割作业时，必须彻底切断机器的电源（包括主机、辅助机械、运转机构）和气源，锁住启动开关，并设置明确安全标志，由专人看管。

（16）禁止直接在水泥地上进行切割，防止水泥爆炸。

（17）切割工件应垫高 100mm 以上并支架稳固，对可能造成烫伤的火花飞溅进行有效防护。

（18）对悬挂在起重机吊钩或其他位置的工件及设备，禁止进行焊接与切割。如必须进行焊接切割作业，应经企业安全部门批准，采取有效安全措施后方准作业。

（19）气焊、气割所有设备上禁止搭架各种电线、电缆。

（20）露天作业时遇有六级以上大风或下雨时应停止焊接或切割作业。

6.5　焊 接 安 全 管 理

（1）焊接操作人员属特殊工种作业人员。须经主管部门培训、考核，掌握操作技能和有关安全知识，发给操作证件。持证上岗作业。未经培训、考核合格者，不准上岗作业。

（2）电焊作业人员必须戴绝缘手套、穿绝缘鞋和白色工作服，使用护目镜和面罩，高空危险处作业，须挂安全带。施焊前检查焊把及线路是否绝缘良好，焊接完毕要拉闸断电。

（3）焊接作业时须有灭火器材，应配有专人看火。施焊完毕后，要留有充分的时间观察，确认无引火点后，方可离去。

（4）焊工在金属容器内、地下、地沟或狭窄、潮湿等处施焊时，要设监护人员。其监护人必须认真负责，坚守工作岗位，且熟知焊接操作规程和应急抢救方法。需要照明的其电源电压应不高于 12V。

（5）夜间工作或在黑暗处施焊应有足够的照明；在车间或容器内操作要有通风换气或消烟设备。

（6）焊接压力容器和管道，需持有压力容器焊接操作合格证。

（7）施工现场焊、割作业须执行"用火证制度"，并要切实做到用火有措施、灭火有准备。焊时有专人看火；施焊完毕后，要留有充分时间观察，确认无复燃的危险后，方可离去。

6.6　防火防爆的基本原则

6.6.1　火灾过程的特点

（1）酝酿期：可燃物在热的作用下蒸发析出气体、冒烟、阴燃。

（2）发展期：火苗蹿起，火势迅速扩大。

（3）全盛期：火焰包围整个可燃材料，可燃物全面着火，燃烧面积达到最大限度，放出强大的辐射热，温度升高，气体对流加剧。

（4）衰灭期：可燃物质减少，火势逐渐衰落，终至熄灭。

6.6.2 防火原则的基本要求

（1）严格控制火源。

（2）监视酝酿期特征。

（3）采用耐火建筑材料。

（4）阻止火焰的蔓延采取隔离措施。

（5）限制火灾可能发展的规模。

（6）组织训练消防队伍。

6.6.3 爆炸过程特点及预防原则

1. 爆炸过程特点

（1）可燃物与氧化剂的相互扩散，均匀混合而形成爆炸性混合物，遇到火源使燃爆开始。

（2）由于爆炸连续反应过程的发展，爆炸范围扩大，爆炸威力升级。

（3）完成化学反应，爆炸造成灾害性破坏。

2. 防爆原则的基本要求

根据爆炸过程特点，防爆应以阻止第一过程出现；限制第二过程发展；防护第三过程危害为基本原则。

（1）防治爆炸混合物的形成。

（2）严格控制着火源。

（3）燃爆开始时及时泄出压力。

（4）切断爆炸传播途径。

（5）减弱爆炸压力和冲击波对人员、设备和建筑物的损坏。

6.7 预防触电事故的基本措施

（1）为了防止在电焊操作中人体触及带电体的触电事故，可采取绝缘、屏护、间隔、空载自动断电和个人防护等安全措施。

绝缘不仅是保证电焊设备和线路正常工作的必要条件，也是防止触电事故的重要措施。橡胶、胶木、瓷、塑料、布等都是电焊设备和工具常用的绝缘材料。

屏护是采用遮拦、护罩、护盖、箱匣等，把带电体同外界隔绝开来，对于电焊设备、工具和配电线路的带电部分，如果不便包以绝缘或绝缘不足以保证安全时，可以用屏护措施。屏护用材料应当有足够的强度和良好的耐火性能。

间隔是防止人体触及焊机、电线等带电体；避免车辆及其他器具碰撞带电体；为防止火灾在带电体与设备之间保持一定的安全距离。

焊机的空载自动断电保护装置和加强个人防护等，也都是防止人体触及带电体的重要安全措施。

（2）为防止在电焊操作时人体触及意外带电体而发生触电事故，一般可采用保护接地或保护接零等安全措施。

6.8　登高焊割作业安全措施

（1）登高焊割作业应根据作业高度及环境条件定出危险区范围。一般认为在地面周围10m内为危险区，禁止在作业下方及危险区内存放可燃、易燃物品及停留人员。在工作过程中应设有专人监护。作业现场必须备有消防器材。

（2）登高焊割作业人员必须戴好符合规定的安全帽，使用标准的防火安全带（安全带应符合现行国家标准《安全带》GB 6095的要求），长度不超过2m，穿防护胶鞋。安全带上的安全绳的挂钩应挂牢。

（3）登高焊割作业人员应使用符合安全要求的梯子。梯脚需包橡皮防滑，与地面夹角应小于60°，上、下端均应放置牢靠。使用人字梯时，要有限跨钩，不准两人在同一梯子上作业。登高作业的平台应带有栏杆，事先应检查，不得使用有腐蚀或机械损伤的木板或铁木混合板制作。平台要有一定宽度，以利焊接操作，平台不得大于1∶3的坡度，板面要钉防滑条。使用的安全网要张挺、结实，不准有破损。

（4）登高焊割作业所使用的工具、焊条等物品应装在工具袋内，应防止操作时落下伤人。不得在高处向下投掷材料、物件或焊条头，以免砸伤、烫伤地面工作人员。

（5）登高焊割作业不得使用带有高频振荡器的焊接设备。登高作业时，禁止把焊接电缆、气体胶管及钢丝绳等混绞在一起，或缠在焊工身上操作。在高处接近10kV高压线或裸导线排时，水平、垂直距离不得小于3m；在10kV以下的水平、垂直距离不得小于1.5m，否则必须搭设防护架或停电，并经检查确无触电危险后，方可操作。

（6）登高焊割作业应设有监护人，密切注意焊工动态，遇有危险，可立即组织抢救。

（7）登高焊割作业结束后，应整理好工具及物件，防止坠落伤人。此外，还必须仔细检查工作地及下方地面是否留有火种，确认无隐患后，方可离开现场。

（8）患有高血压、心脏病、精神病、癫痫病者以及医生认为不宜登高作业的人员，应禁止进行登高焊割作业。

（9）六级以上大风、雨、雪及雾等气候条件下，无措施时应禁止登高焊割作业。

（10）酒后或安全条件不符合要求时，不能登高焊割作业。

6.9　中毒事故及其防止措施

气焊气割中会遇到各种不同的有毒气体、蒸汽和烟尘，会发生中毒事故。

（1）气焊有色金属有时会产生有毒蒸汽和烟尘。

气焊铅时，会产生铅蒸汽，引起铅中毒。气焊黄铜时，会产生锌蒸汽，引起锌中毒。气焊铝及铝合金时，要用铝气焊熔剂，会产生氟化物烟尘，也引起急性中毒。

（2）在狭小的作业空间焊接有涂层（如涂漆、塑料或镀铅、锌等）的焊件时，由于涂层物质在高温作用下蒸发或裂解形成有毒气体和有毒蒸汽等。

（3）在有毒介质的容器或环境中焊接时，没有采取通风和个人防护措施时，造成急性中毒。

（4）液化石油气和乙炔中有硫化氢、磷化氢，会引起中毒。空气中乙炔和液化石油气浓度较高时，也会引起中毒。

为了防止中毒事故，应加强焊割工作场地（尤其是狭小的密闭空间）的通风措施。在封闭容器、罐、桶、舱室中焊接、切割时，应先打开施焊工作物的孔、洞，使内部空气流通，以防焊工中毒，必要时应由专人监护。

7 施工现场防火

本章要点：本章主要介绍了施工现场中的防火基本知识以及施工现场防火安全管理等方面的内容。

7.1　防火基本知识

7.1.1　火灾的类型

火灾的定义：火灾是在时间和空间上失去控制的燃烧所造成的灾害。

按照现行国家标准《火灾分类》GB/T 4968，根据可燃物的类型和燃烧特性将火灾分为 A、B、C、D、E、F 六个不同的类别。

A 类火灾：指固体物质火灾，如木材、棉、毛、麻、纸张火灾等。

B 类火灾：指液体火灾和可熔化的固体物质火灾，如汽油、煤油、原油、甲醇、乙醇、沥青、石蜡火灾等。

C 类火灾：指气体火灾，如煤气、天然气、甲烷、乙烷、丙烷、氢气火灾等。

D 类火灾：指金属火灾，如钾、钠、镁、钛、锆、锂、铝镁合金火灾等。

E 类火灾：带电火灾。物体带电燃烧的火灾。

F 类火灾：烹饪器具内的烹饪物（如动植物油脂）火灾。

建筑施工现场所发生的火灾事故大部分是 A 类火灾，其次是 B、C 类火灾和 E 类火灾，因此要有针对性的预防措施。

7.1.2　燃烧和爆炸

燃烧和爆炸是火灾事故的表现形式，其结果带来财产损失和人员伤亡。了解燃烧和爆炸的特性，针对性地采取安全预防措施，达到减少损失的目的。具体内容如下：

1. 燃烧

（1）燃烧的条件

物质燃烧过程的发生和发展，必须具备三个必要条件，即可燃物、氧化剂和温度（引火源）。只有这三个条件同时发生，才可能发生燃烧现象，无论缺少哪一个条件，燃烧都不能发生。但并非上述三个条件同时存在，就一定会发生燃烧现象，还必须这三个因素相互作用才能发生燃烧。

1）可燃物：凡是能与空气中的氧或其他氧化剂起燃烧化学反应的物质称为可燃物。可燃物按其物理状态分为气体可燃物、液体可燃物和固体可燃物三种类别。可燃烧物质大多是含碳和氢的化合物，某些金属如镁、铝、钙等在某些条件下也可以燃烧，还有许多物质如肼、臭氧等在高温下可以通过自己的分解而放出光和热。

2）氧化剂：帮助和支持可燃物燃烧的物质，即能与可燃物发生氧化反应的物质称为氧化剂。燃烧过程中的氧化剂主要是空气中游离的氧，另有氟、氯等也可以作为燃烧反应的氧化剂。

3）温度（引火源）：是指供给可燃物与氧或助燃剂发生燃烧反应的能量来源。常见的是热能，其他还有化学能、电能、机械能等转变的热能。

（2）常用的概念

1）闪燃：在液体（固体）表面上能产生足够的可燃蒸气，遇火能发生一闪即灭的火焰的燃烧现象称为闪燃。

128

2）阴燃：没有火焰的缓慢燃烧现象称为阴燃。

3）爆燃：以亚音速传播的爆炸称为爆燃。

4）自燃：可燃物没有外部明火等火源的作用下，因受热或自身发热并蓄热所产生的自行燃烧现象称为自燃。

5）闪点：在规定的实验条件下，液体（固体）表面能产生闪燃的最低温度称为闪点。

6）燃点：在规定的实验条件下，液体或固体能发生持续燃烧的最低温度称为燃点。一切液体的燃点都高于闪点。

7）自燃点：在规定的实验条件下，可燃物质产生自燃的最低温度是该物质的自燃点。

2. 燃烧产物及其毒性

燃烧产物是指由于燃烧或热解作用产生的全部物质。燃烧的产物包括燃烧生成的气体、能量、可见烟等。燃烧生成的气体一般是指一氧化碳、氰化氢、二氧化碳、丙烯醛、氯化氢、二氧化硫等。

火灾统计表明，火灾中死亡人数大约80％是由于吸入火灾中燃烧产生的有毒烟气致死的。火灾产生的烟气含有大量的有毒成分，如一氧化碳、二氧化碳、氰化氢、二氧化硫、过氧化氢等，二氧化碳是主要产物之一，而一氧化碳是火灾中致死的主要燃烧物之一，其毒性在于对血液中血红蛋白的高亲和性，其亲和力比氧气高250倍，最容易引起供氧不足而危及生命。

3. 爆炸

爆炸是指由于物质急剧氧化或分解反应，使温度、压力急剧增加或使两者同时急剧增加的现象，爆炸可分为物理爆炸、化学爆炸和核爆炸。

（1）物理爆炸：由于液体变成蒸汽或气体迅速膨胀，而造成压力急速增加，并大大超过容器的极限压力而发生的爆炸。如蒸汽锅炉、液化气钢瓶等的爆炸。

（2）化学爆炸：因物质本身发生化学反应，产生大量气体和高温而发生的爆炸。如炸药的爆炸，可燃气体、液体蒸汽和粉尘与空气混合物的爆炸等。

（3）核爆炸：由于物质的核能的释放引起的爆炸。如原子弹爆炸。

4. 灭火的基本方法

根据物质燃烧原理，燃烧必须同时具备可燃物、氧化剂和着火源三个条件，缺一不可。而一切灭火措施都是为了破坏已经产生的燃烧条件，或使燃烧反应中的游离基消失而终止燃烧。灭火的基本方法有四种：即减少空气中的含氧量——窒息灭火法；降低燃烧物的温度——冷却灭火法；隔离与火源相近的可燃物——隔离灭火法；消除燃烧中的游离基——抑制灭火法。

（1）窒息灭火法

窒息灭火法，就是阻止空气流入燃烧区，或用不燃物质冲淡空气，使燃烧物质断绝氧气的助燃而熄灭。这种灭火方法适用扑救一些封闭式的空间和生产设备装置的火灾。

在火场上运用窒息灭火法扑灭火灾时，可采用石棉布、浸湿的棉被、湿帆布等不燃或难燃材料，覆盖燃烧物或封闭孔洞；用水蒸气、惰性气体（如二氧化碳、氮气等）充入燃烧区域内；利用建筑物上原有的门、窗以及生产设备上的部件，封闭燃烧区，阻止新鲜空气进入。此外在无法采取其他扑救方法而条件又允许的情况下，可采用水或泡沫淹没（灌注）的方法进行扑救。

（2）冷却灭火法

冷却灭火法，就是将灭火剂直接喷洒在燃烧着的物体上，将可燃物的温度降低到燃点以下，从而使燃烧终止。这是扑救火灾最常用的方法。冷却的方法主要是采取喷水或喷射二氧化碳等其他灭火剂，将燃烧物的温度降到燃点以下。灭火剂在灭火过程中不参与燃烧过程中的化学反应，属于物理灭火法。

在火场上，除用冷却法直接扑灭火灾外，在必要的情况下，可用水冷却尚未燃烧的物质，防止达到燃点而起火。还可用水冷却建筑构件、生产装置或容器设备等，以防止它们受热结构变形，扩大灾害损失。

（3）隔离灭火法

隔离灭火法，就是将燃烧物体与附近的可燃物质隔离或疏散开，使燃烧停止。这种方法适用扑救各种固体、液体和气体火灾。

采取隔离灭火法的具体措施有：将火源附近的可燃、易燃、易爆和助燃物质，从燃烧区内转移到安全地点；关闭阀门，阻止气体、液体流入燃烧区；排除生产装置、设备容器内的可燃气体或液体；设法阻拦流散的易燃、可燃液体或扩散的可燃气体；拆除与火源相毗连的易燃建筑结构，造成防止火势蔓延的空间地带；采用泥土、黄沙筑堤等方法，阻止流淌的可燃液体流向燃烧点。

（4）抑制灭火法

抑制灭火法，是将化学灭火剂喷入燃烧区使之参与燃烧的化学反应，从而使燃烧反应停止。采用这种方法可使用的灭火剂有干粉和卤代烷灭火剂及替代产品。灭火时，一定要将足够数量的灭火剂准确地喷在燃烧区内，使灭火剂参与和阻断燃烧反应。否则将起不到抑制燃烧反应的作用，达不到灭火的目的。同时还要采取必要的冷却降温措施，以防止复燃。

采用哪种灭火方法实施灭火，应根据燃烧物质的性质、燃烧特点和火场的具体情况，以及消防技术装备的性能进行选择。

7.2　施工现场防火安全管理

7.2.1　施工现场防火基本要求

（1）施工现场的消防工作，应遵照国家有关法律、法规开展消防安全工作。

（2）施工现场的消防安全由施工单位负责。

实行施工总承包的，应由总承包单位负责。分包单位向总承包单位负责，并应服从总承包单位的管理，同时应承担国家法律、法规规定的消防责任和义务。

（3）施工现场都要建立健全防火检查制度，发现火险隐患，必须立即消除；一时难以消除的隐患，要定人员、定项目、定措施限期整改。

（4）施工现场要有明显的防火宣传标志。施工现场的义务消防人员，要定期组织教育培训，并将培训资料存入内业档案中。

（5）施工现场发生火警或火灾，应立即报告公安消防部门，并组织力量扑救。

（6）根据"四不放过"的原则，在火灾事故发生后，施工单位和建设单位应共同做好现场保护和会同消防部门进行现场勘察的工作。对火灾事故的处理提出建议，并积极落实防范措施。

（7）施工单位在承建工程项目签订的《工程合同》中，必须有防火安全的内容，会同建设单位搞好防火工作。

（8）各单位在编制施工组织设计时，施工总平面图、施工方法和施工技术均要符合消防安全要求。

（9）施工现场必须配备足够的消防器材，做到布局合理。要害部位应配备不少于4具的灭火器，要有明显的防火标志，指定专人经常检查、维护、保养、定期更新，保证灭火器材灵敏有效。

（10）施工现场夜间应有照明设备，并要安排力量加强值班巡逻。

（11）施工现场必须设置临时消防车道。其宽度不得小于4m，并保证临时消防车道的畅通，禁止在临时消防车道上堆物、堆料或挤占临时消防车道。

（12）施工现场的重点防火部位或区域，应设置防火警示标识。

（13）临时消防车道、临时疏散通道、安全出口应保持畅通，不得遮挡、挪动疏散指示标识，不得挪用消防设施。

（14）施工单位应做好施工现场临时消防设施的日常维护工作，对已失效、损坏或丢失的消防设施，应及时更换、修复或补充。

（15）施工材料的存放、使用应符合防火要求。库房应采用非燃材料支搭。易燃易爆物品必须有严格的防火措施，应专库储存，分类单独存放，保持通风，配备灭火器材，指定防火负责人，确保施工安全。不准在工程内、库房内调配油漆、稀料。

（16）不准在高压架空线下面搭设临时性建筑物或堆放可燃物品。

（17）在建工程内不准作为仓库使用，不准存放易燃、可燃材料，不得设置宿舍。

（18）因施工需要进入工程内的可燃材料，要根据工程计划限量进入并采取可靠的防火措施。废弃材料应及时清除。

（19）从事油漆粉刷或防水等危险作业时，要有具体的防火要求，必要时派专人看护。

（20）施工现场严禁吸烟。

（21）施工现场和生活区，未经保卫部门批准不得使用电热器具。严禁工程中明火保温施工及宿舍内明火取暖。

（22）生活区的设置必须符合消防管理规定。严禁使用可燃材料搭设。

（23）生活区的用电要符合防火规定。用火要经保卫部门审批，食堂使用的燃料必须符合使用规定，用火点和燃料不能在同一房间内，使用时要有专人管理，停火时要将总开关关闭，经常检查有无泄漏。

（24）施工现场应明确划分用火作业，易燃可燃材料堆场、仓库、易燃废品集中站和生活区等区域。

7.2.2　消防安全管理制度

施工单位应针对施工现场可能导致火灾发生的施工作业及其他活动，制订消防安全管理制度。消防安全管理制度应包括下列主要内容：

1. 消防安全教育与培训制度

施工人员进场前,施工现场的消防安全管理人员应向施工人员进行消防安全教育和培训。防火安全教育和培训应包括下列内容:

(1) 施工现场消防安全管理制度、防火技术方案、灭火及应急疏散预案的主要内容。

(2) 施工现场临时消防设施的性能及使用、维护方法。

(3) 扑灭初起火灾及自救逃生的知识和技能。

(4) 报火警、接警的程序和方法。

施工单位编制的施工现场防火技术方案,应根据现场情况变化及时对其修改、完善。防火技术方案应包括下列主要内容:

(1) 施工现场重大火灾危险源辨识。

(2) 施工现场防火技术措施。

(3) 临时消防设施、临时疏散设施配备。

(4) 临时消防设施和消防警示标识布置图。

施工作业前,施工现场的施工管理人员应向作业人员进行消防安全技术交底。消防安全技术交底应包括下列主要内容:

(1) 施工过程中可能发生火灾的部位或环节。

(2) 施工过程应采取的防火措施及应配备的临时消防设施。

(3) 初起火灾的扑救方法及注意事项。

(4) 逃生方法及路线。

2. 可燃及易燃易爆危险品管理制度

(1) 用于在建工程的保温、防水、装饰及防腐等材料的燃烧性能等级,应符合设计要求。

(2) 可燃材料及易燃易爆危险品应按计划限量进场。进场后,可燃材料宜存放于库房内,如露天存放时,应分类成垛堆放,垛高不应超过 2m,单垛体积不应超过 $50m^3$,垛与垛之间的最小间距不应小于 2m,且采用不燃或难燃材料覆盖;易燃易爆危险品应分类专库储存,库房内通风良好,并设置严禁明火标志。

(3) 室内使用油漆及其有机溶剂、乙二胺、冷底子油或其他可燃、易燃易爆危险品的物资作业时,应保持良好通风,作业场所严禁明火,并应避免产生静电。

(4) 施工产生的可燃、易燃建筑垃圾或余料,应及时清理。

3. 用火、用电、用气管理制度

(1) 施工现场用火,应符合下列要求:

1) 动火作业应办理动火许可证。

施工现场的动火作业,必须根据不同等级执行审批制度。动火许可证的签发人收到动火申请后,应前往现场查验并确认动火作业的防火措施落实后,方可签发动火许可证。用火地点变换,要重新办理用火证手续。

① 一级动火作业应由所在单位行政负责人填写动火申请表,编制安全技术措施方案,报公司安全部门审查批准后,方可动火。动火期限为 1 天。

凡属下列情况之一的属一级动火作业:

A. 禁火区域内。

　　B. 油罐、油箱、油槽车和贮存过可燃气体、易燃气体的容器以及连接在一起的辅助设备。

　　C. 各种受压设备。

　　D. 危险性较大的登高焊、割作业。

　　E. 比较密封的室内、容器内、地下室等场所。

　　F. 堆有大量可燃和易燃物质的场所。

　　② 二级动火作业由所在工地负责人填写动火申请表，编制安全技术措施方案，报本单位主管部门审查批准后，方可动火。动火期限为 3 天。

　　凡属下列情况之一的属二级动火作业：

　　A. 在具有一定危险因素的非禁火区域内进行临时焊、割等作业。

　　B. 小型油箱等容器。

　　C. 登高焊、割作业。

　　③ 三级动火作业由所在班组填写动火申请表，经工地负责人审查批准后，方可动火。动火期限为 7 天。在非固定的、无明显危险因素的场所进行用火作业，均属三级动火作业。

　　④ 古建筑和重要文物单位等场所作业，按一级动火手续上报审批。

　　2）动火操作人员应具有相应资格。

　　电焊工、气焊工从事电气设备安装和电、气焊切割作业，要有操作证和用火证。

　　3）焊接、切割、烘烤或加热等动火作业前，应对作业现场的易燃、可燃物进行清理；作业现场及其附近无法移走的可燃物，应采用不燃材料对其覆盖或隔离。

　　4）施工作业安排时，宜将动火作业安排在使用可燃建筑材料的施工作业前进行。确需在使用可燃建筑材料的施工作业之后进行动火作业，应采取可靠防火措施。

　　5）在裸露的可燃材料上严禁直接进行动火作业。

　　6）焊接、切割、烘烤或加热等动火作业，应配备灭火器材，并设动火监护人进行现场监护，每个动火作业点均应设置一个监护人。

　　7）五级（含五级）以上风力时，应停止焊接、切割等室外动火作业，否则应采取可靠的挡风措施。

　　8）动火作业后，应对现场进行检查，确认无火灾危险后，动火操作人员方可离开。

　　9）具有火灾、爆炸危险的场所严禁明火。

　　10）施工现场不应采用明火取暖。

　　11）厨房操作间炉灶使用完毕后，应将炉火熄灭，排油烟机及油烟管道应定期清理油垢。

　　（2）施工现场用电，应符合下列要求：

　　施工现场用电，应严格执行有关施工现场电气安全管理规定，加强电源管理，防止发生电气火灾。施工现场存放易燃、可燃材料的库房、木工加工场所、油漆配料房及防水作业场所不得使用明露高热强光源灯具。

　　1）施工现场供用电设施的设计、施工、运行、维护应符合现行国家标准《建设工程施工现场供用电安全规范》GB 50194 的要求。

　　2）电气线路应具有相应的绝缘强度和机械强度，严禁使用绝缘老化或失去绝缘性能的电气线路，严禁在电气线路上悬挂物品。破损、烧焦的插座、插头应及时更换。

3）电气设备与可燃、易燃易爆和腐蚀性物品应保持一定的安全距离。

4）有爆炸和火灾危险的场所，按危险场所等级选用相应的电气设备。

5）配电屏上每个电气回路应设置漏电保护器、过载保护器，距配电屏 2m 范围内不应堆放可燃物，5m 范围内不应设置可能产生较多易燃、易爆气体、粉尘的作业区。

6）可燃材料库房不应使用高热灯具，易燃易爆危险品库房内应使用防爆灯具。

7）普通灯具与易燃物距离不宜小于 300mm，聚光灯、碘钨灯等高热灯具与易燃物距离不宜小于 500mm。

8）电气设备不应超负荷运行或带故障使用。

9）禁止私自改装现场供用电设施。

10）应定期对电气设备和线路的运行及维护情况进行检查。

（3）施工现场用气，应符合下列要求：

1）储装气体的罐瓶及其附件应合格、完好和有效；严禁使用减压器及其他附件缺损的氧气瓶，严禁使用乙炔专用减压器、回火防止器及其他附件缺损的乙炔瓶。

2）气瓶运输、存放、使用时，应符合下列规定：

①气瓶应保持直立状态，并采取防倾倒措施，乙炔瓶严禁横躺卧放。

②严禁碰撞、敲打、抛掷、滚动气瓶。

③气瓶应远离火源，距火源距离不应小于 10m，并应采取避免高温和防止暴晒的措施。

④燃气储装瓶罐应设置防静电装置。

3）气瓶应分类储存，库房内通风良好；空瓶和实瓶同库存放时，应分开放置，两者间距不应小于 1.5m。

4）气瓶使用时，应符合下列规定：

①使用前，应检查气瓶及气瓶附件的完好性，检查连接气路的气密性，并采取避免气体泄漏的措施，严禁使用已老化的橡皮气管。

②氧气瓶与乙炔瓶的工作间距不应小于 5m，气瓶与明火作业点的距离不应小于 10m。

③冬季使用气瓶，如气瓶的瓶阀、减压器等发生冻结，严禁用火烘烤或用铁器敲击瓶阀，禁止猛拧减压器的调节螺丝。

④氧气瓶内剩余气体的压力不应小于 0.1MPa。

⑤气瓶用后，应及时归库。

4. 消防安全检查制度

施工过程中，施工现场的消防安全负责人应定期组织消防安全管理人员对施工现场的消防安全进行检查。消防安全检查应包括下列主要内容：

（1）可燃物及易燃易爆危险品的管理是否落实。

（2）动火作业的防火措施是否落实。

（3）用火、用电、用气是否存在违章操作。

（4）电、气焊及保温防水施工是否执行操作规程。

（5）临时消防设施是否完好有效。

（6）临时消防车道及临时疏散设施是否畅通。

（7）火险隐患整改情况。

（8）检查各级防火责任制、岗位责任制、八大工种责任书和各项防火安全制度执行情况。

（9）检查十项标准是否落实，基础管理是否健全，防火档案资料是否齐全，发生事故是否按"四不放过"原则进行处理。

（10）检查防火安全宣传教育，外包工管理等情况。

5. 应急预案演练制度

施工单位应编制施工现场灭火及应急疏散预案。灭火及应急疏散预案应包括下列主要内容：

（1）应急灭火处置机构及各级人员应急处置职责。

（2）报警、接警处置的程序和通信联络的方式。

（3）扑救初起火灾的程序和措施。

（4）应急疏散及救援的程序和措施。

7.2.3 重点部位的防火要求

1. 易燃仓库的防火要求

（1）易着火的仓库应设在水源充足、消防车能驶到的地方，并应设在下风方向。

（2）可燃材料及易燃易爆危险品应按计划限量进场。进场后，可燃材料宜存放于库房内，如露天存放时，应分类成垛堆放，垛高不应超过 2m，单垛体积不应超过 50m³，垛与垛之间的最小间距不应小于 2m，且采用不燃或难燃材料覆盖。

易燃露天仓库四周内，应有宽度不小于 6m 的平坦空地作为消防通道，通道上禁止堆放障碍物。

（3）易燃仓库堆料场与其他建筑物、铁路、道路、架高电线的防火间距，应按现行《建筑设计防火规范》GB 50016 的有关规定执行。

（4）易燃易爆危险品应分类专库储存，库房内应保持通风良好，并设置严禁明火标志。还应经常进行防火安全检查。

（5）贮量大的易燃仓库，应设两个以上的大门，并应将生活区、生活辅助区和堆场分开布置。

（6）仓库或堆料场内一般应使用地下电缆，若有困难需设置架空电力线时，架空电力线与露天易燃物堆垛的最小水平距离，不应小于电杆高度的 1.5 倍。

（7）仓库或堆料场所使用的照明灯与易燃堆垛间至少应保持 1m 的距离。

（8）安装的开关箱、接线盒，应距离堆垛外缘不小于 1.5m，不准乱拉临时电气线路。

（9）仓库或堆料场严禁使用碘钨灯，以防电气设备起火。

（10）对仓库或堆料场内的电气设备，应经常检查维修和管理，贮存大量易燃品的仓库场地应设置独立的避雷装置。

2. 电焊、气割场所的防火要求

（1）一般要求

1）焊、割作业点与氧气瓶、电石桶和乙炔发生器等危险物品的距离不得少于 10m，与易燃易爆物品的距离不得少于 30m。

2）气瓶应保持直立状态，并采取防倾倒措施，乙炔瓶严禁横躺卧放。严禁碰撞、敲打、抛掷、滚动气瓶。

乙炔发生器和氧气瓶之间的存放距离不得少于 2m，使用时两者的距离不得少于 5m。

3）氧气瓶、乙炔发生器等焊割设备上的安全附件应完整而有效，否则严禁使用。

4）施工现场的焊、割作业，必须符合防火要求，严格执行"十不烧"规定。

（2）乙炔站的防火要求

1）乙炔属于甲类易燃易爆物品，乙炔站的建筑物应采用一、二级耐火等级，一般应为单层建筑，与有明火的操作场所应保持 30～50m 的间距。

2）乙炔站泄压面积与乙炔站容积的比值应采用 0.05～0.22m²/m³。房间和乙炔发生器操作平台应有安全出口，应安装百叶窗和出气口，门应向外开启。

3）乙炔房与其他建筑物和临时设施的防火间距，应符合现行国家标准《建筑设计防火规范》GB 50016 的要求。

4）乙炔房宜采用不发生火花的地面，金属平台应铺设橡皮垫层。

5）有乙炔爆炸危险的房间与无爆炸危险的房间（更衣室、值班室）不能直通。

6）乙炔生产厂房应采用防爆型的电器设备，并在顶部开自然通风窗口。

7）操作人员不应穿着带铁钉的鞋及易产生静电的服装。

（3）电石库的防火要求

1）电石库属于甲类物品储存仓库。电石库的建筑应采用一、二级耐火等级。

2）电石库应建在长年风向的下风方向，与其他建筑及临时设施的防火间距，应符合现行国家标准《建筑设计防火规范》GB 50016 的要求。

3）电石库不应建在低洼处，库内地面应高于库外地面 220cm，同时不能采用易发火花的地面，可用木板或橡胶等铺垫。

4）电石库应保持干燥、通风，不漏雨水。

5）电石库的照明设备应采用防爆型，应使用不发火花型的开启工具。

6）电石渣及粉末应随时进行清扫。

3. 油漆料库与调料间的防火要求

（1）油漆料库与调料间应分开设置，油漆料库和调料间应与散发火花的场所保持一定的防火间距。

（2）性质相抵触、灭火方法不同的品种，应分库存放。

（3）涂料和稀释剂的存放和管理，应符合《仓库防火安全管理规则》的要求。

（4）调料间应有良好的通风，并应采用防爆电气设备，室内禁止一切火源。调料间不能兼做更衣室和休息室。

（5）调料人员应穿不易产生静电的工作服，不穿带钉子的鞋。使用开启涂料和稀释剂包装的工具，应采用不易产生火花型的工具。

（6）调料人员应严格遵守操作规程，调料间内不应存放超过当日加工所用的原料。

4. 木工操作间的防火要求

（1）操作间建筑应采用阻燃材料搭建。

（2）操作间冬季宜采用暖气（水暖）供暖。如用火炉取暖时，必须在四周采取挡火措施；不应用燃烧劈柴、刨花代煤取暖。每个火炉都要有专人负责，下班时要将余火彻底熄灭。

(3) 电气设备的安装要符合要求。抛光、电锯等部位的电气设备应采用密封式或防爆式。刨花、锯末较多部位的电动机，应安装防尘罩。

(4) 操作间内严禁吸烟和用明火作业。

(5) 操作间只能存放当班的用料，成品及半成品要及时运走。木工应做到活完场地清，刨花、锯末每班都打扫干净，倒在指定地点。

(6) 严格遵守操作规程，对旧木料一定要经过检查，起出铁钉等金属后，方可上锯锯料。

(7) 配电盘、刀闸下方不能堆放成品、半成品及废料。

(8) 工作完毕应拉闸断电，并经检查确无火险后方可离开。

5. 地下工程施工的防火要求

地下工程施工中除了遵守正常施工中的各项防火安全管理制度和要求，还应遵守以下防火安全要求：

(1) 施工现场的临时电源线不宜直接敷设在墙壁或土墙上，应用绝缘材料架空安装。配电箱应采取防水措施，潮湿地段或渗水部位照明灯具应采取相应措施或安装防潮灯具。

(2) 施工现场应有不少于两个出入口或坡道，施工距离长应适当增加出入口的数量。施工区面积不超过 $50m^2$，且施工人员不超过 20 人时，可只设一个直通地上的安全出口。

(3) 安全出入口、疏散走道和楼梯的宽度应按其通过人数每 100 人不小于 1m 的净宽计算。每个出入口的疏散人数不宜超过 250 人。安全出入口、疏散走道、楼梯的最小净宽不应小于 1m。

(4) 疏散走道、楼梯及坡道内，不宜设置凸出物或堆放施工材料和机具。

(5) 疏散走道、安全出入口、疏散马道（楼梯）、操作区域等部位，应设置火灾事故照明灯。火灾事故照明灯在上述部位的最低照度应不低于 5lx（勒克斯）。

(6) 疏散走道及其交叉口、拐弯处、安全出口处应设置疏散指示标志灯。疏散指示标志灯的间距不易过大，距地面高度应为 1～1.2m，标志灯正前方 0.5m 处的地面照度不应低于 1lx。

(7) 火灾事故照明灯和疏散指示灯工作电源断电后，应能自动投合。

(8) 地下工程施工区域应设置消防给水管道和消火栓，消防给水管道可以与施工用水管道合用。特殊地下工程不能设置消防用水时，应配备足够数量的轻便消防器材。

(9) 地下工程的施工作业场所宜配备防毒面具。

(10) 大面积油漆粉刷和喷漆应在地面施工，局部的粉刷可在地下工程内部进行，但一次粉刷的量不宜过多，同时在粉刷区域内禁止一切火源，加强通风。

(11) 禁止中压式乙炔发生器在地下工程内部使用及存放。

(12) 应备有通信报警装置，便于及时报告险情。

(13) 制定应急的疏散计划。

7.2.4 季节性防火要求

1. 冬期施工的防火要求

（1）强化冬季防火安全教育，提高全体员工的防人意识。对全体员工进行冬期施工的防火安全教育是做好冬期施工防火安全工作的关键。只有人人重视防火工作，处处想着防火工作，在做每一件工作时都与防火工作相联系，不断提高全体员工防火意识，冬期施工防火工作才有保证。

（2）供暖锅炉房及操作人员的防火要求

1）供暖锅炉房应符合下列要求：

① 锅炉房宜建造在施工现场的下风方向，远离在建工程、易燃可燃建筑、露天可燃材料堆场、料库等。

② 锅炉房应不低于二级耐火等级，锅炉房的门应向外开启，锅炉正面与墙的距离应不小于 3m，锅炉与锅炉之间的距离不小于 1m。

③ 锅炉房应有适当通风和采光，锅炉上的安全设备应有良好照明。

④ 锅炉烟道和烟囱与可燃物应保持一定的距离。金属烟囱距可燃结构不小于 100cm；距已做防火保护层的可燃结构不小于 70cm。砖砌的烟囱和烟道其内表面距可燃结构不小于 50cm，其外表面不小于 10cm。未采取消烟除尘措施的锅炉，其烟囱应设防火星帽。

2）司炉工的要求：

① 严格值班检查制度，锅炉开火以后，司炉人员不准离开工作岗位，值班时间绝不允许睡觉或做无关的事。司炉人员下班时，须向下一班作好交接班，并记录锅炉运行情况。

② 严格执行操作程序、杜绝违章操作。炉灰倒在指定地点，注意不能带余火倒灰，随时观察水温及水位，禁止使用易燃、可燃液体点火。

（3）火炉安装与使用的防火要求

冬期施工的加热采暖方法，应尽量使用暖气，如果用火炉，必须事先提出方案和防火措施，经消防保卫部门同意后方能开火。但在油漆、喷漆、油漆调料间、木工房、料库及使用高分子装修材料的装修阶段，禁止用火炉供暖。

1）各种金属与砖砌火炉，必须完整良好，不得有裂缝，各种金属火炉与楼板支柱、斜撑、拉杆等可燃物和易燃保温材料的距离不得小于 1m，已做保护层的火炉距可燃物的距离不得小于 70cm。各种砖砌火炉壁厚不得小于 30cm。在没有烟囱的火炉上方不得有拉杆、斜撑等可燃物，必要时须架设铁板等非燃材料隔热，其隔热板应比炉顶外围的每一边部多出 15cm 以上。

2）在木地板上安装火炉，必须设置炉盘，有脚的火炉炉盘厚度不得小于 12cm，无脚的火炉炉盘厚度不得小于 18cm。炉盘应伸出炉门前 50cm，伸出炉后左右各 15cm。各种火炉应根据需要设置高出炉身的火挡。

3）金属烟囱一节插入另一节的尺寸不得小于烟囱的半径，衔接地方要牢固。各种金属烟囱与板壁、支柱、模板等可燃物的距离不得小于 30cm。距已做保护层的可燃物不得小于 15cm。各种小型加热火炉的金属烟囱穿过板壁、窗户、挡风墙、暖棚等必须设铁板，从烟囱周边到铁板的尺寸不得小于 5cm。

4) 各种火炉的炉身、烟囱和烟囱出口等部分与电源线和电气设备应保持 50cm 以上的距离。

5) 火炉由受过安全消防常识教育的人看守。移动各种加热火炉时，先将火熄灭后方准移动。掏出的炉灰必须随时用水浇灭后倒在指定地点。不准在火炉上熬炼油料、烘烤易燃物品。工程的每层都应配备灭火器材。

（4）易燃、可燃材料的防火要求

冬期施工中，国家级重点工程、地区级重点工程、高层建筑工程及起火后不易扑救的工程，禁止使用可燃材料作为保温材料，应采用不燃或难燃材料进行保温。一般工程可采用可燃材料进行保温，但必须严格进行管理。

1) 使用可燃材料进行保温的工程，必须设专人进行监护、巡逻检查。人员的数量应根据使用可燃材料的数量、保温的面积而定。

2) 合理安排施工工序及网络图，一般是将用火作业安排在前，保温材料安排在后。

3) 保温材料定位后，禁止一切用火、用电作业，特别是下层进行保温作业，上层进行用火、用电作业。

4) 照明线路、照明灯具应远离可燃的保温材料。

5) 保温材料使用完以后，要随时进行清理，集中进行存放保管。

6) 消防器材的保温防冻工作

① （北方）冬期施工工地，应尽量安装地下消火栓，在入冬前应进行一次试水，加少量润滑油，消火栓用草帘、锯木等覆盖，做好保温工作，以防冻结。及时扫除消火栓上的积雪，以免雪化后将消火栓井盖冻住。

② 高层临时消防竖管应进行保温或将水放空。消防水泵内应考虑采暖措施，以免冻结。

③ 入冬前，做好消防水池的保温防冻工作。随时进行检查，发现冻结时应进行破冻处理。一般方法是在水池上盖上木板，木板上再盖上不小于 40～50cm 厚的稻草、锯末等。

④ 入冬前应将泡沫灭火器、清水灭火器等轻便消防器材放入有采暖的地方，并套上保温套。

2. 雨期和夏期施工的防火要求

（1）雨期施工中电气设备的防火要求

1) 雨期施工到来之前，应对每个配电箱、用电设备进行一次检查，并采取相应的防雨措施，防止因短路造成起火事故。

2) 在雨季要随时检查有树木地方电线的情况，及时改变线路的方向或砍掉离电线过近的树枝。

（2）防雷设施的要求

1) 油库、易燃易爆物品库房、塔式起重机、卷扬机架、脚手架、在施的高层建筑工程等部位及设施都应安装避雷设施。

2) 防止雷击的方法是安装避雷装置，其基本原理是将雷电引入大地而消失以达到防雷的目的。所安装的避雷装置必须能保护住受保护的部位或设施。避雷装置三个组成部分必须符合规定，接地电阻不应大于规定的欧姆数值。

3）每年雨季之前，应对避雷装置进行一次全面检查，并用仪器进行摇测，发现问题及时解决，使避雷装置处于良好状态。

（3）雨期施工中对易燃、易爆物品的防火要求

1）电石、乙炔气瓶、氧气瓶、易燃液体等应在库内或棚内存放，禁止露天存放，防止因受雷雨、日晒发生起火事故。

2）生石灰、石灰粉的堆放应远离可燃材料，防止因受潮或雨淋产生高热，引起周围可燃材料起火。

8 季节性施工

本章要点：本章主要介绍了雨期施工和冬期施工的相关内容。

8.1 概　　述

我国东北、华北、西北以及青藏高原等地区，每年冬季有长达 3～6 个月的寒冷期，南方许多省市又处于多雨地区，每年有长达 1～3 个月的雨期；长江中下游流域的梅雨季节，长达一个月的时间阴雨连绵不断，伴有多云、多雾、多雷暴天气。东南沿海地区受海洋暖湿气流影响，春夏之交雨水频繁，并伴有台风、暴雨和潮汛，某些地区雷暴季节，雷电活动频繁。这些季节的不良天气现象，给工程的建设进度和质量带来了一系列的问题，也是生产安全事故多发时期。例如，在雨季容易造成各类房屋、墙体、土方坍塌等恶性事故以及山洪、滑坡、泥石流等气象地质水文灾害。因此，应当按照作业条件针对不同季节的施工特点，制定相应的安全技术措施，做好相关安全防护，防止事故的发生。

一般来讲，季节性施工主要指雨期施工和冬期施工。雨期施工，应当采取措施防雨、防雷击，组织好排水。同时，注意做好防止触电和坑槽坍塌，沿河流域的工地做好防洪准备，傍山的施工现场做好防滑坡塌方措施，脚手架、塔式起重机等应做好防强风措施。冬期施工，气温低，宜结露结冰、天气宜干燥，作业人员操作不灵活，作业场所应采取措施防滑、防冻，生活办公场所应当采取措施防火和防煤气中毒。另外，春秋季天气干燥，风大，应注意做好防火、防风措施；还应注意季节性饮食卫生，如夏秋季节防止腹泻等流行疾病。任何季节遇 6 级以上（含 6 级）强风、大雪、浓雾等恶劣气候，严禁露天起重吊装和高处作业。

8.2 雨　期　施　工

8.2.1 雨期施工的气象知识

1. 雨量

它是用积水的高度来表示的，即假定所下的雨既不流到别处，又不蒸发，也不渗到土里，其所积累的高度。一天雨量的多少称为降水强度。降水强度的划分按照降水强度的大小划分为小雨、中雨、大雨、暴雨等 6 个等级。降雨等级见表 8-1。

降雨等级表　　　　　　　　　　　　　　　　　　　　　表 8-1

降雨等级	现象描述	降雨量范围（mm）	
		一天总量	半天总量
小雨	雨能使地面潮湿，但不泥泞	1～10	0.2～5.0
中雨	雨降到屋面上有淅淅声，凹地积水	10～25	5.1～15
大雨	降雨如倾盆，落地四溅，平地积水	25～50	15.1～30
暴雨	降雨比大雨还猛，能造成山洪暴发	50～100	30.1～70
大暴雨	降雨比暴雨还大，或时间长，能造成洪涝灾害	100～200	70.1～140
特大暴雨	降雨比大暴雨还大，能造成洪涝灾害	>200	>140

2. 风级

风通常用风向和风速（风力和风级）来表示。风速是指气流在单位时间内移动的距离，用米/秒（m/s）表示。根据风对地面物体或海面的影响程度，按强弱将风力划分为 0 到 12，共 13 个等级，即目前世界气象组织所建议的分级，也是我国天气预报用以表达风力强弱的标准，见表 8-2。

风级表

表 8-2

风力名称		海岸及陆地面象征标准		相当风速
风级	概况	陆地	海岸	（m/s）
0	无风	静，烟直上	海面平静	0～0.2
1	软风	烟能表示方向，但风向不能转动	渔船不动	0.3～1.5
2	轻风	人面感觉有风，树叶微响，寻常的风向标转动	渔船张帆时，可随风移动	1.6～3.3
3	微风	树叶及微枝摇动不息，红旗展开	渔船渐觉颠动	3.4～5.4
4	和风	能吹起地面灰尘和纸张，树的小枝摇动	渔船满帆，倾于一方	5.5～7.9
5	清风	小树摇摆	水面起波	8.0～10.7
6	强风	大树枝摇动，电线呼呼有声，举伞有困难	渔船加倍缩帆，捕鱼注意危险	10.8～13.8
7	疾风	大树摇动，迎风步行感觉不便	渔船停息港中，去海外下锚	13.9～17.1
8	大风	树枝折断，迎风行走阻力很大	近港渔船均停留不出	17.2～20.7
9	烈风	烟囱及平房顶受到破坏	汽船航行困难	20.8～24.4
10	狂风	陆上少见，可拔树毁屋	汽船航行较危险	24.5～28.4
11	暴风	陆上很少见，有时必受重大损坏	汽船遇之极危险	28.5～32.6
12	飓风	陆上绝少，其摧毁力极大	海浪滔天	＞32.6

3. 雷击

雷是一种大气放电现象。如果雷云较低，周围又没有带异性电荷的雷云，就会在地面凸出物上感应出异性电荷，两者空隙间产生了巨大电场，当电场达到一定强度，间隙内空气剧烈游离，造成雷云与地面凸出物之间放电，这就是通常所说的雷击。雷击可产生数百万伏的冲击电压，主放电时间极短，为 50～100ms，其电流极大可达数十万安培，能对施工现场的建（构）筑物、机械设备、电气和脚手架等高架设施以及人身造成严重的伤害，造成大规模的停电、短路及火灾等事故。

8.2.2 雨期施工的准备工作

由于雨期（汛期）施工持续时间较长，而且大雨、大风等恶劣天气具有突然性，因此应认真编制好雨期（汛期）施工的安全技术措施，做好雨期（汛期）施工的各项准备工作。

1. 合理组织施工

根据雨期施工的特点，将不宜在雨期施工的工程提早或延后安排，对必须在雨期施工的工程制定有效的措施。晴天抓紧室外作业，雨天安排室内工作。注意天气预报，做好防汛准备。遇到大雨、大雾、雷击和 6 级以上大风等恶劣天气，应当停止进行露天高处、起重吊装和打桩等作业。暑期作业应当调整作息时间，从事高温作业的场所应当采取通风和

143

降温措施。

2. 做好施工现场的排水

(1) 施工现场应按标准实现现场硬化处理。

(2) 根据施工总平面图、排水总平面图，利用自然地形确定排水方向，按规定坡度挖好排水沟，确保施工工地排水畅通。

(3) 应严格按防汛要求，设置连续、通畅的排水设施和其他应急设施，防止泥浆、污水、废水外流或堵塞下水道和排水河沟。

(4) 若施工现场临近高地，应在高地的边缘（现场的上侧）挖好截水沟，防止洪水冲入现场。

(5) 雨期前应做好傍山的施工现场边缘的危石处理，防止滑坡、塌方威胁工地。

(6) 雨期应设专人负责，及时疏浚排水系统，确保施工现场排水畅通。

3. 运输道路

(1) 临时道路应起拱 5‰，两侧做宽 300mm、深 200mm 的排水沟。

(2) 对路基易受冲刷部分，应铺石块、焦渣、砾石等渗水防滑材料或设涵管排泄，保证路基的稳固。

(3) 雨期应指定专人负责维修路面，对路面不平或积水处应及时修好。

(4) 场区内主要道路应当硬化。

4. 临时设施

施工现场的大型临时设施，在雨期前应整修加固完毕，应保证不漏、不塌、不倒，周围不积水，严防水冲入设施内。选址要合理，避开滑坡、泥石流、山洪、坍塌等灾害地段。

8.2.3 分部分项工程雨期施工

1. 土方与地基基础工程的雨期施工

雨期（汛期）土方与地基基础工程的施工应采取措施重点防止各种坍塌事故。

(1) 坑、沟边上部，不得堆积过多的材料，雨期前应清除沟边多余的弃土，减轻坡顶压力。

(2) 雨期开挖基坑（槽、沟）时，应注意边坡稳定，在建筑物四周做好截水沟或挡水堤，严防场内雨水倒灌，防止塌方。

(3) 雨期雨水不断向土壤内部渗透，土壤因含水量增大，黏聚力急剧下降，土壤抗剪强度降低，易造成土方塌方。所以，凡雨水量大、持续时间长、地面土壤已饱和的情况下，要及早加强对边坡坡角、支撑等的处理。

(4) 土方应集中堆放，并堆置于坑边 3m 以外；堆放高度不得过高，不得靠近围墙、临时建筑；严禁使用围墙、临时建筑作为挡土墙堆放；若坑外有机械行驶，应距槽边 5m 以外，手推车应距槽边 1m 以外。

(5) 雨后应及时对坑槽沟边坡和固壁支撑结构进行检查，深基坑应当派专人进行认真测量、观察边坡情况，如果发现边坡有裂缝、疏松、支撑结构折断、走动等危险征兆，应当立即采取措施。

(6) 雨期施工中遇到气候突变，发生暴雨、水位暴涨、山洪暴发或因雨发生坡道打滑等情况时应当停止土石方机械作业施工。

(7) 雷雨天气不得露天进行电力爆破土石方,如中途遇到雷电时,应当迅速将雷管的脚线、电线主线两端连成短路。

2. 砌体工程的雨期施工

(1) 砌块在雨期应当集中堆放。

(2) 独立墙与迎风墙应加设临时支撑保护,以避免倒墙事故。

(3) 内外墙要尽可能同时砌筑,转角及丁字墙间的连接要同时跟上。

(4) 稳定性较差的窗间墙、砖柱应及时浇筑圈梁或加临时支撑,以增强墙体的稳定性。

(5) 雨后继续施工,应当复核已完工砌体的垂直度。

3. 模板工程的雨期施工

模板的支撑与地基的接触面要夯实,并加垫板,防止产生较大的变形,雨后要检查有无沉降。

4. 起重吊装工程的雨期施工

(1) 堆放构件的地基要平整坚实,周围应做好排水。

(2) 轨道塔式起重机的新垫路基,必须用压路机逐层压实,石子路基要高出周围地面 150mm。

(3) 应采取措施防止雨水浸泡塔式起重机路基和垂直运输设备基础,并装好防雷设施。

(4) 履带式起重机在雨期吊装时,严禁在未经夯实的虚土或低洼处作业;在雨后吊装时,应先进行试吊。

(5) 遇到大雨、大雾、高温、雷击和 6 级以上大风等恶劣天气,应当停止起重吊装作业。

(6) 大风大雨后作业,应当检查起重机械设备的基础、塔身的垂直度、缆风绳和附着结构,以及安全保险装置并先试吊,确认无异常方可作业。轨道式塔式起重机,还应对轨道基础进行全面检查,检查轨距偏差、轨顶倾斜度、轨道基础沉降、钢轨不直度和轨道通过性能等。

5. 脚手架工程的雨期施工

(1) 落地式钢管脚手架底应当高于自然地坪 50mm,并夯实整平,留一定的散水坡度,在周围设置排水措施,防止雨水浸泡脚手架。

(2) 施工层应当满铺脚手板,有可靠的防滑措施,应当设置踢脚板和防护栏杆。

(3) 应当设置上人马道,马道上必须钉好防滑条。

(4) 应当挂好安全网并保证有效可靠。

(5) 架体应当与结构有可靠的连接。

(6) 遇到大雨、大雾、高温、雷击和 6 级以上大风等恶劣天气,应当停止脚手架的搭设和拆除作业。

(7) 大风、大雨后,要组织人员检查脚手架是否牢固,如有倾斜、下沉、松扣、崩扣和安全网脱落、开绳等现象,要及时进行处理。

(8) 在雷暴季节,还要根据施工现场情况给脚手架安装避雷针。

（9）搭设钢管扣件式脚手架时，应当注意扣件开口的朝向，防止雨水进入钢管使其锈蚀。

（10）悬挑架和附着式升降脚手架在汛期来临前要有加固措施，将架体与建筑物按照架体的高度设置连接件或拉结措施。

8.2.4　雨期施工的机械设备使用、用电与防雷

1. 雨期施工的用电

严格按照现行行业标准《施工现场临时用电安全技术规范》JGJ 46 落实临时用电的各项安全措施。

（1）各种露天使用的电气设备应选择较高的干燥处放置。

（2）机电设备（配电盘、闸箱、电焊机、水泵等）应有可靠的防雨措施，电焊机应加防护雨罩。

（3）雨期前应检查照明和动力线有无混线、漏电，电杆有无腐蚀，埋设是否牢靠等，防止触电事故发生。

（4）雨期要检查现场电气设备的接零、接地保护措施是否牢靠，漏电保护装置是否灵敏，电线绝缘接头是否良好。

（5）暴雨等危险性来临之前，施工现场临时用电除照明、排水和抢险用电外，其他电源应全部切断。

2. 雨期施工的防雷

（1）防雷装置的设置范围。施工现场高出建筑物的塔式起重机、外用电梯、井字架、龙门架以及较高金属脚手架等高架设施，如果在相邻建筑物、构筑物的防雷装置保护范围以外，在表 8-3 规定的范围内，则应当按照规定设防雷装置，并经常进行检查。

施工现场内机械设备需要安装防雷装置的规定　　　　　　　　　　　表 8-3

地区平均雷暴日（d）	机械设备高度（m）
≤15	>50
>15，≤40	>32
>40，≤90	>20
>90 及雷灾特别严重的地区	>12

如果最高机械设备上的避雷针，其保护范围按照 60°计算能够保护其他设备，且最后退出现场，其他设备可以不设置避雷装置。

（2）防雷装置的构成及制作要求。施工现场的防雷装置一般由避雷针、接地线和接地体三部分组成。

避雷针，装在高出建筑物的塔式起重机、人货电梯、钢脚手架等的顶端。机械设备上的避雷针（接闪器）长度应当为 $1\sim2m$。

接地线，可用截面积不小于 $16mm^2$ 的铝导线，或用截面积不小于 $12mm^2$ 的铜导线，或者用直径不小于 $\phi8$ 的圆钢，也可以利用该设备的金属结构体，但应当保证电气连接。

接地体，有棒形和带形两种。棒形接地体一般采用长度 1.5m、壁厚不小于 2.5mm

的钢管或 L5×50 的角钢。将其一端垂直打入地下，其顶端离地平面不小于 50cm，带形接地体可采用截面积不小于 $50mm^2$，长度不小于 3m 的扁钢，平卧于地下 500mm 处。

防雷装置的避雷针、接地线和接地体必须焊接（双面焊），焊缝长度应为圆钢直径的 6 倍或扁钢厚度的 2 倍以上。

施工现场所有防雷装置的冲击接地电阻值不得大于 30Ω。

（3）闪电打雷的时候，禁止连接导线，停止露天焊接作业。

8.2.5 雨期施工的宿舍、办公室等临时设施

（1）工地宿舍设专人负责，进行昼夜值班，每个宿舍配备不少于 2 个手电筒。

（2）加强安全教育，发现险情时，要清楚记得避险路线、避险地点和避险方法。

（3）采用彩钢板房应有产品合格证，用作宿舍和办公室的，必须根据设置的地址及当地常年风压值等，对彩钢板房的地基进行加固，并使彩钢板房与地基牢固连接口确保房屋稳固。

（4）当地气象部门发布强对流（台风）天气预报后，所有在砖砌临建宿舍住宿的人员必须全部撤出到达安全地点；临近海边、基坑、砖砌围挡墙及广告牌的临建住宿人员必须全部撤出；在以塔式起重机高度为半径的地面范围内的临建设施内的人员也必须全部撤出；在以塔式起重机高度为半径的地面范围内的临建设施内的人员也必须全部撤出。

（5）大风和大雨后，应当检查临时设施地基和主体结构情况，发现问题及时处理。

8.2.6 夏期施工的卫生保健

（1）宿舍应保持通风、干燥，有防蚊蝇措施，统一使用安全电压。生活办公设施要有专人管理，定期清扫、消毒，保持室内整齐清洁卫生。

（2）炎热地区夏季施工应有防暑降温措施，防止中暑。

1）中暑可分为热射病、热痉挛和日射病，在临床上往往难以严格区别，而且常以混合式出现，统称为中暑。

① 先兆中暑。在高温作业一定时间后，如大量出汗、口渴、头昏、耳鸣、胸闷、心悸、恶心、软弱无力等症状，体温正常或略有升高（不超过 37.5℃），这就有发生中暑的可能性。此时如能及时离开高温环境，经短时间的休息后，症状可以消失。

② 轻度中暑。除先兆中暑症状外，如有下列症候群之一，称为轻度中暑：人的体温在 38℃以上，有面色潮红、皮肤灼热等现象；有呼吸、循环衰竭的症状，如面色苍白、恶心、呕吐、大量出汗、皮肤湿冷、血压下降、脉搏快而微弱等。轻度中暑经治疗，4～5h 内可恢复。

③ 重度中暑。除有轻度中暑症状外，还出现昏倒或痉挛、皮肤干燥无汗，体温在 40℃以上。

2）防暑降温应采取综合性措施

① 组织措施：合理安排作息时间，实行工间休息制度，早晚干活，中午延长休息时间等。

② 技术措施：改革工艺，减少与热源接触的机会，疏散、隔离热源。

③ 通风降温：可采用自然通风、机械通风和遮阳措施等。

④ 卫生保健措施：供给含盐饮料，补偿高温作业工人因大量出汗而损失的水分和盐分。

(3) 施工现场应供符合卫生标准的饮用水，不得多人共用一个饮水器皿。

8.3 冬 期 施 工

8.3.1 冬期施工概念

根据当地多年气象资料统计，当室外日平均气温连续 5d 稳定低于 5℃即进入冬期施工；当室外日平均气温连续 5d 高于 5℃时解除冬期施工。

8.3.2 冬期施工特点

(1) 冬期由于施工条件及环境不利，是各种安全事故多发季节。

(2) 隐蔽性、滞后性。即工程是在冬天进行的，大多数在第二年春季才开始暴露出来问题，因而给事故处理带来很大的难度，不仅给工种带来损失，而且影响工程使用寿命。

(3) 冬期施工的计划性和准备工作时间性强。这是由于准备工作时间短，技术要求复杂。往往有一些安全事故的发生，都是由于这一环节跟不上，仓促施工造成的。

8.3.3 冬期施工基本要求

(1) 冬期施工前两个月即应进行冬期施工战略性安排。

(2) 冬期施工前一个月即应编制好冬期施工技术措施。

(3) 冬期施工前一个月做好冬期施工材料、专用设备、能源、暂设工种等施工准备工作。

(4) 搞好相关人员技术培训和技术交底工作。

8.3.4 冬期施工的准备

1. 编制冬期施工组织设计

冬期施工组织设计，一般应在入冬前编审完毕。冬期施工组织设计，应包括下列内容：确定冬期施工的方法、工程进度计划、技术供应计划、施工劳动力供应计划、能源供应计划；冬期施工的总平面布置图（包括临建、交通、管线布置等）、防火安全措施、劳动用品；冬期施工安全措施；冬期施工各项安全技术经济指标和节能措施。

2. 组织好冬期施工安全教育培训

应根据冬期施工的特点，重新调整好机构和人员，并制定好岗位责任制，加强安全生产管理。主要应当加强保温、测温、冬期施工技术检验机构、热源管理等机构，并充实相应的人员。安排气象预报人员，了解近期、中长期天气，防止寒流突袭。对测温人员、保温人员、能源工（锅炉和电热运行人员）、管理人员组织专门的技术业务培训，学习相关知识，明确岗位责任，经考核合格方可上岗。

3. 物资准备

物资准备的内容如下：外加剂、保温材料；测温表计及工器具、劳保用品；现场管理和技术管理的表格、记录本；燃料及防冻油料；电热物资等。

4. 施工现场的准备

(1) 场地要在土方冻结前平整完工，道路应畅通，并有防止路面结冰的具体措施。

(2) 提前组织有关机具、外加剂、保温材料等实物进场。

(3) 生产上水系统应采取防冻措施，并设专人管理，生产排水系统应畅通。

(4) 搭设加热用的锅炉房、搅拌站，敷设管道，对锅炉房进行试压，对各种加热材料、设备进行检查，确保安全可靠；蒸汽管道应保温良好，保证管路系统不被冻坏。

(5) 按照规划落实职工宿舍、办公室等临时设施的取暖措施。

8.3.5 土方与地基基础工程冬期施工

土在冬期由于遭受冻结变的坚硬，挖掘困难；春季化冻时，由于处理不当，很容易发生坍塌，造成质量安全事故，所以土方在冬期施工，必须在技术上予以保障。

(1) 爆破法破碎冻土应当注意的安全事项：

1) 爆破施工要离建筑物 50m 以外，距高压电线 200m 以外。

2) 爆破工作应在专业人员指挥下，由受过爆破知识和安全知识教育的人员担任。

3) 爆破之前应有技术安全措施，经主管部门批准。

4) 现场应设立警告标志、信号、警戒哨和指挥站等防卫危险区的设施。

5) 放炮后要经过 20min 才可以前往检查。

6) 遇有瞎炮，严禁掏挖或在原炮眼内重装炸药，应该在距离原炮眼 60cm 以外的地方另行打眼放炮。

7) 硝化甘油类炸药在低温环境下凝固成固体，当受到振动时，极易发生爆炸，酿成严重事故。因此，冬期施工不得使用硝化甘油类炸药。

(2) 人工破碎冻土应当注意的安全事项：

1) 注意去掉楔头打出的飞刺，以免飞出伤人。

2) 掌铁楔的人与掌锤的人不能脸对着脸，应当互成 90°。

(3) 机械挖掘时应当采取措施注意行进和移动过程的防滑，在坡道和冰雪路面应当缓慢行驶，上坡时不得换挡，下坡时不得空挡滑行，冰雪路面行驶不得急刹车。发动机应当搞好防冻，防止水箱冻裂。在边坡附近使用、移动机械应注意边坡可承受的荷载，防止边坡坍塌。

(4) 针热法融解冻土应防止管道和外溢的蒸汽、热水烫伤作业人员。

(5) 电热法融解冻土时应注意的安全事项：

1) 此法进行前，必须有周密的安全措施。

2) 应由电气专业人员担任通电工作。

3) 电源要通过有计量器、电流、电压表、保险开关的配电盘。

4) 工作地点要设置危险标志，通电时严禁靠近。

5) 进入警戒区内工作时，必须先切断电源。

6) 通电前工作人员应退出警戒区，再行通电。

7) 夜间应有足够的照明设备。

8) 当含有金属夹杂物或金属矿石时，禁止采用电热法。

（6）采用烘烤法融解冻土时，会出现明火，由于冬天风大、干燥，易引起火灾。因此，应注意安全。

1）施工作业现场周围不得有可燃物。

2）制定严格的责任制，在施工地点安排专人值班，务必做到有火就有人，不能离岗。

3）现场要准备一些砂子或其他灭火物品，以备不时之需。

（7）春融期间在冻土地基上施工。

春融期间开工前必须进行工程地质勘察，以取得地形、地貌、地物、水文及工程地质资料，确定地基的冻结深度和土的融沉类别。对有坑洼、沟槽、地物等特殊地貌的建筑场地应加点测定。开工后，对坑槽沟边坡和固壁支撑结构应当随时进行检查，深基坑应当派专人进行测量、观察边坡情况，如果发现边坡有裂缝、疏松、支撑结构折断、移动等危险征兆，应当立即采取措施。

8.3.6 钢筋工程冬期施工应注意的安全事项

金属具有冷脆性，加工钢筋时应注意：

（1）冷拔、冷拉钢筋时，防止钢筋断裂伤人。

（2）检查预应力夹具有无裂纹，由于负温下有裂纹的预应力夹具，很容易出现碎裂飞出伤人。

（3）防止预制构件中钢筋吊环发生脆断，造成安全事故。

8.3.7 砌体工程冬期施工应注意的安全事项

（1）脚手架、马道要有防滑措施，及时清理积雪，外脚手架要经常检查加固。

（2）施工时接触气源、热水，要防止烫伤。

（3）现场使用的锅炉、火炕等用焦炭时，应有通风条件，防止煤气中毒。

（4）现场应当建立防火组织机构，设置消防器材。

（5）防止亚硝酸钠中毒。

亚硝酸钠是冬期施工常用的防冻剂、阻锈剂，人体摄入 10mg 亚硝酸钠，即可导致死亡。由于外观、味道、溶解性等许多特征与食盐极为相似，很容易误作为食盐食用，导致中毒事故。因此要采取措施，加强使用管理，以防误食。

1）在施工现场尽量不单独使用亚硝酸钠作为防冻剂。

2）使用前应当召开培训会，让有关人员学会辨认亚硝酸钠（亚硝酸钠为微黄或无色，食盐为纯白）。

3）工地应当挂牌，明示亚硝酸钠为有毒物质。

4）设专人保管和配制，建立严格的出入库手续和配制实用程序。

8.3.8 冬期混凝土施工应注意的安全事项

（1）当温度低于−20℃时，严禁对低合金钢筋进行冷弯，以避免在钢筋弯点处发生强化，造成钢筋脆断。

（2）蓄热法加热砂石时，若采用炉灶焙烤，操作人员应穿隔热鞋，若采用锯末生石灰蓄热，则应选择安全配合比，经试验证明无误后，方可使用。

（3）电热法养护混凝土时，应注意用电安全。

（4）采用暖棚法以火炉为热源时，应注意加强消防和防止煤气中毒。

（5）调拌化学附加剂时，应配戴口罩、手套，防止吸入有害气体和刺激皮肤。

（6）蒸汽养护的临时供暖锅炉应有出厂证明。安装时，必须按标准图进行，三大安全附件应灵敏可靠，安装完毕后，应按各项规定进行检验，经验收合格后方允许正式使用；同时，锅炉的值班人员应建立严格的交接班制度，遵守安全操作要求操作；司炉人员应经专门训练，考试合格后方可上岗；值班期间严禁饮酒、打牌、睡觉和撤离职守。

（7）各种有毒的物品、油料、氧气、乙炔（电石）等应设专库存放、专人管理，并建立严格的领发料制度，特别是亚硝酸钠等有毒物品，要加强保管，以防误食中毒。

（8）混凝土必须满足强度要求方可拆模。

8.3.9 冬期施工防火要求

冬期施工现场使用明火处较多，管理不善很容易发生火灾，必须加强用火管理。

（1）施工现场临时用火，要建立用火证制度，由工地安全负责人审批。

（2）明火操作地点要有专人看管，明火看管人的主要职责：

1）注意清除火源附近的易燃、易爆物，不易清除时，可用水浇湿或用阻燃物覆盖。

2）检查高处用火，焊接作业要有石棉防护或用接火盘接住火花。

3）检查消防器材的配置和工作状态情况。

4）检查木工棚、库房、喷漆车间、油漆配料车间等场所，此类场所不得用火炉取暖，周围 15m 内不得有明火作业。

5）施工作业完毕后，对用火地点详细检查，确保无死灰复燃，方可撤离岗位。

（3）供暖锅炉房及操作人员的防火要求：

1）锅炉房宜建造在施工现场的下风方向，远离在建工程以及易燃、可燃材料堆场、料库等。

2）锅炉房应不低于二级耐火等级。

3）锅炉房的门应向外开启。

4）锅炉正面与墙的距离应不小于 3m，锅炉与锅炉之间应保持不小于 1m 的距离。

5）锅炉房应有适当通风和采光，锅炉上的安全设备应保持良好状态并有照明。

6）锅炉烟道和烟囱与可燃构件应保持一定的距离，金属烟囱距可燃结构不小于 100cm，距已做防火保护层的可燃结构不小于 70cm；未采取消烟除尘措施的锅炉，其烟囱应设防火星帽。

7）司炉工应当经培训合格持证上岗。

8）应当制定严格的司炉值班制度，锅炉开火以后，司炉人员不准离开工作岗位，值班时间不允许睡觉或做无关的事。

9）司炉人员下班时，须向下一班做好交接班，并记录锅炉运行情况。

10）禁止使用易燃、可燃液体点火。

11）炉灰倒在指定地点。

（4）炉火安装与使用的防火要求：

1）油漆、喷漆、油漆调料间以及木工房、料库等，禁止使用火炉供暖。

2）金属与砖砌火炉，必须完整良好，不得有裂缝；砖砌火炉壁厚不得小于 30cm。

3）金属火炉与可燃、易燃材料的距离不得小于 100cm，已做保护层的火炉距可燃物的距离不得小于 70cm。

4）没有烟囱的火炉上方不得有可燃物，必要时须架设铁板等非燃材料隔热，其隔热板应比炉顶外围的每一边都多出 15cm 以上。

5）火炉应根据需要设置高出炉身的火挡，在木地板上安装火炉，必须设置炉盘。

6）金属烟囱一节插入另一节的尺寸不得小于烟囱的半径，衔接地方要牢固。

7）金属烟囱与可燃物的距离不得小于 30cm，穿过板壁、窗户、挡风墙、暖棚等必须设铁板；从烟囱周边到铁板外边缘尺寸，不得小于 5cm。

8）火炉的炉身、烟囱和烟囱出口等部分与电源线和电气设备应保持 50cm 以上的距离。

9）炉火必须由受过安全消防常识教育的专人看守。

10）移动各种加热火炉时，必须先将火熄灭后方准移动。

11）掏出的炉灰必须随时用水浇灭后倒在指定地点。

12）禁止用易燃、可燃液体点火。

13）不准在火炉上熬炼油料、烘烤易燃物品。

（5）冬期消防器材的保温防冻：

1）室外消火栓。冬期施工工地，应尽量安装地下消火栓，在入冬前应进行一次试水，加少量润滑油，消火栓用草帘、锯末等覆盖，做好保温工作，以防冻结。冬天下雪时，应及时扫除消火栓上的积雪，以免雪化后将消火栓井盖冻住。高层临时消防水管应进行保温或将水放空，消防水泵内应考虑供暖措施，以免冻结。

2）消防水池。入冬前，应做好消防水池的保温工作，随时进行检查，发现冻结时应进行破冻处理。

3）轻便消防器材。入冬前应将泡沫灭火器、清水灭火器等放入有供暖的地方，并套上保温套。

152

9　装配式建筑施工安全

本章要点：本章主要介绍了装配式建筑的概念和特点，装配式建筑施工的安全隐患、安全管理措施以及安全技术等相关内容。

9.1 装配式建筑的概念和特点

9.1.1 装配式建筑的概念

装配式建筑是指把传统建造方式中的大量现场作业工作转移到工厂进行，在工厂加工制作好建筑用构件和配件（如楼板、墙板、楼梯、阳台等），运输到建筑施工现场，通过可靠的连接方式在现场装配安装而成的建筑。

从结构形式来说，装配式混凝土结构、钢结构、木结构都可以称为装配式建筑，是工业化建筑的重要组成部分。随着现代工业技术的不断发展，建造房屋可以像机器生产那样，成批成套地制造。只要把预制好的房屋构件，运到工地装配起来就成了。采用标准化设计、工厂化生产、装配化施工、信息化管理、智能化应用，是现代工业化生产方式的代表。

9.1.2 装配式建筑的特点

（1）构件可在工厂内进行工业化生产，施工现场可直接安装，方便又快捷，可以显著缩短施工工期，建造速度大大提高。

（2）建筑构件机械化程度高，可大大减少现场施工人员配备，因施工现场作业量减少，可在一定程度上降低材料浪费，极大地提高材料的使用效率。现场现浇作业大大减少，健康不扰民，从此告别"灰蒙蒙"的施工现场。

（3）采用建筑、装修一体化设计、施工，理想状态是装修可随主体施工同步进行。

（4）设计的标准化和管理的信息化，构件越标准，生产效率越高，相应的构件成本就会下降，配合工厂的数字化管理，整个装配式建筑的性价比会越来越高。

（5）装配式建筑工厂化生产，能最大限度地改善墙体开裂、渗漏等质量通病，并提高住宅整体安全等级、防火性和耐久性。

（6）符合绿色建筑的要求，节能环保。

9.2 装配式建筑施工的安全隐患

较之于普通建筑，装配式建筑特殊性十分突出，施工安全隐患也始终存在，应结合装配式施工特点，针对吊装、安装施工安全要求，制定系列安全专项方案，对危险性较大的分部分项工程应经专家论证后进行施工。

9.2.1 预制构配件吊装方面

在贯彻落实装配式建筑施工建设的过程中，在吊装预制构配件方面。需要借助起重设备加以完成。而在起吊环节，吊钩与预埋吊环直接连接。施工时，存在构件空中脱钩的情况，最主要的原因就是预埋吊环不达标或者是混凝土强度不满足要求，最终使得预埋吊环被拔出。以上都是对起重设备下方施工作业人员安全产生威胁的主要因素。一旦起重设备出现失误下落的情况，必然会带来人员伤亡。

另外，在吊装设备方面，如果吊装设备性能存在缺陷，就会导致吊起环节出现停留于半空的情况，引发安全隐患。如果起重设备长期处于超负荷状态，就会受到预制构件的影响而被压垮，同样会引发严重的后果。

设备操作存在问题，也是诱发施工安全问题的主要因素。对于装配式建筑施工建设而言，很多构配件都会涉及起重设备作业，所以也很容易导致操作人员出现疲惫的感受，在操作失误的影响下，就会带来严重的安全问题。

9.2.2　高空坠物方面

大部分装配式建筑都属于多层或高层建筑，在开展外墙施工的时候通常选择使用预制构件加以拼装。在这种情况下，施工作业人员就需要在高空状态实施临边作业，而临边坠落风险始终存在。综合考虑建筑行业调查数据结果发现，高空临边坠落风险一般控制在25%～30%之间。特别是装配式建筑施工，因并未对脚手架进行搭设，所以施工作业人员在吊装外挂墙板的时候，身体所佩戴的安全绳索难以准确地到达着力点，所以也使得高空坠落风险明显增加，严重威胁着施工作业人员的人身安全。

另外还有重物坠落问题，在施工阶段吊装预制构配件的过程中，一旦混凝土强度未能达到标准要求，就很容易被破坏，从而引发高空坠落的问题。

9.3　装配式建筑施工安全管理措施

在贯彻落实装配式建筑施工建设的过程中，为有效地降低发生安全事故的概率，就必须在各施工环节引入安全管理思想，结合各个环节合理地制定安全管理措施。

9.3.1　制度及生产责任落实方面

（1）建立健全各项安全管理制度，明确安全职责。

（2）对施工现场定期组织安全检查，并对检查发现的安全隐患责令相关单位进行整改。

（3）施工现场应具有健全的装配式施工安全管理体系、安全交底制度、施工安全检验制度和综合安全控制考核制度。

（4）主要负责人对安全生产工作负总责，履行好安全生产主体责任，安全生产工作措施落实到位。

9.3.2　装配式预制构配件吊装过程管理

施工前，应编制《装配式混凝土建筑施工安全专项方案》《安全生产应急预案》《消防应急预案》等专项方案。装配式建筑专用施工操作平台、高处临边作业防护设施，应编制专项安全方案，专项方案应按规定进行专家论证。施工单位应根据装配式混凝土建筑工程的管理和施工技术特点，对从事预制构件吊装作业及相关人员进行安全培训与交底，明确预制构件进场、卸车、存放、吊装、就位各环节的作业风险及防控措施。

（1）预制构配件吊装施工方面

对于装配式建筑施工而言，预制构件吊装是不可或缺的工序，但同样也是安全事故高发的环节。

在这种情况下，必须不断加大安全管理的力度，综合考虑施工实际状况，对吊点布置加以合理化设计，并对吊具安全性做系统化检查，以保证吊点强度与设计要求相适应，吊具满足规格需求。

作为起重设备作业工作人员，应具备专业上岗证，同时熟练掌握起重设备作业操作规程。

对于起重作业的影响范围，一定要与其他的施工作业区域采取临时隔离的措施，而且工作人员在进入起重作业区域半径之前，应当根据相关规定正确地佩戴安全保护用具。

对预制柱、墙、板进行安装的过程中，施工作业人员应使用安全带钩住柱头钢筋，并严格遵循图纸设计内容完成搭建支撑架的任务，而这也是安装柱、墙、板的准备工作。尤其是对主梁进行吊装的时候，应对安全母索进行优先安装，并且将护栏合理地设置于边梁的位置。另外，在吊装墙板的时候，尤其是阳台板与吊墙板构件吊装前，应保证准备工作开展到位。

对钢索的完整性进行检查，对表面的破损程度予以了解并做出调整，对吊具与吊点等的状态做系统化检查，如果吊点的内部有异物存在，就要及时加以清除。

对墙板进行吊装的过程中，也应当根据具体的标准要求进行，而且吊点的位置要清晰。尤其是板片体积量较大时，起吊的过程中就要对重式平衡杆进行合理配置，尽可能规避风力因素所诱发的翻转现象。

（2）临边防护工作的开展

要想降低临边坠物发生率，就应当将脚手架合理地应用在施工建设的过程中，并且将护栏搭建于临边洞口位置，完成安全网的围挡工作。与此同时，应使用黑色和黄色两种不同颜色的油漆进行涂刷，以保证充分发挥警示的功效，确保作业工作人员可以看到。

对于围护栏底部的位置，应合理地运用混凝土完成挡土墙的浇筑作业，并在作业完成的基础上，在此挡土墙的上部位置固定工具化的围护栏杆。针对实际的施工建设，应将安全防护栏合理地设置在登高通道两侧的位置，并始终遵循基本要求完成搭建作业。针对楼梯防护也需要借助定型化防护，保证坡度选择的合理性，不允许出现陡峭的情况。

（3）强调用电安全管理的作用

在安全用电管理工作开展的过程中，应合理地安排专业管理人员，结合容易发生的用电安全事故积极采取必要的保护接地措施。而针对装配式建筑施工现场而言，则需确保全部电缆的线路都与具体要求相适应。

另外，还应当组织作业工作人员实施必要的安全用电培训，尤其是电焊工与电工应当接受用电安全技术的培训，不断增强安全用电的意识，并遵循电气操作的具体规程完成操作任务。

在此基础上，管理工作人员还应当向现场内部相关人员普及与电力相关的知识，以保证其能够正确认识安全用电作用，尽可能地规避操作因素所引发的安全用电事故发生。

装配式建筑工程项目的施工具有一定的系统性且施工相对复杂。在对吊装作业进行设计与施工的过程中，也会直接增加安全风险系数。在这种情况下，贯彻落实装配式建筑施工的过程中，就应当科学合理地选择相应的策略，保证临边防护的效果，不断增强用电安全管理的力度，确保大小梁的吊装更加安全，降低发生安全事故的概率，为装配式建筑工程项目的顺利施工奠定坚实的基础。

9.4 装配式建筑施工安全技术

9.4.1 装配式混凝土结构施工安全技术

装配式混凝土结构施工应满足安全技术要求，施工现场如图 9-1 所示。

图 9-1 装配式混凝土结构施工现场

（1）基本要求

装配式混凝土结构施工应制定专项方案。专项施工方案宜包括工程概况、编制依据、进度计划、施工场地布置、预制构件运输与存放、安装与连接施工、绿色施工、安全管理、质量管理、信息化管理、应急预案等内容。

预制构件、安装用材料及配件等应符合国家现行有关标准及产品应用技术手册的规定，并应按照国家现行相关标准的规定进行进场验收。

场地准备：根据场地情况合理布置构件堆场及车辆运输车道，对堆场及运输车道进行荷载复核，对不满足荷载要求区域楼板进行加固。

技术准备：学习国家及地方相关技术规范规程，熟悉 PC（Precast Concrete，混凝土预制件）深化设计图纸，利用 BIM 技术编制装配式结构施工组织设计、吊装方案、临边防护方案及安全技术交底等。

机械准备：安装施工前，应复核吊装设备的吊装能力。应按现行行业标准《建筑机械使用安全技术规程》JGJ 33 的有关规定，检查复核吊装设备及吊具处于安全操作状态，并核实现场环境、天气、道路状况等是否满足吊装施工要求；防护系统应按照施工方案进行搭设、验收。

劳动力配备：选择有经验的吊装单位，对吊装劳务人员进行相应的培训指导。

样板区施工：有条件的项目，提倡布置施工样板展示区，提前熟悉吊装工艺流程及节点施工工艺。

（2）构件的运输（图 9-2）

构件正式运送之前，事先对路线进行勘察。对预先选定路线的路况、条件限制等情况仔细了解，从而对运输路线进行最后的调整，确定最合理的线路。

施工现场临建施工之时，宜充分考虑构件运送车辆的长度和重晕，加宽现场临时道路，道路下铺设工程渣土并压实，临时道路内配钢筋。通过相关措施，确保构件能够顺利地运输到施工现场。

运输车辆要保养及年检，不得超载。构件装车及固定方式要进行合理设计，严格检查防倾覆措施，保证紧固、避免倾覆。

图 9-2 预制构件的装车与运输

（3）构件的存放（图 9-3）

施工现场应根据施工平面规划设置运输通道和存放场地，并应符合下列规定：

1）现场道路运输和存放场地应坚实平整，并应具有排水措施。

2）施工现场内道路应按照构件运输车辆的要求合理设置转弯半径及道路坡度。

3）预制构件运送到施工现场后，应按规格、品种、使用部位、吊装顺序分别设置存放场地。存放场地应设置在吊装设备的有效起重范围内，且应在堆垛之间设置通道。

4）构件的存放架应具有足够的抗倾覆性能。

5）构件运输和存放对已完成结构、基坑有影响时应经计算复核。

（4）构件吊装（图 9-4）

1）施工单位应对从事预制构件吊装作业及相关人员进行安全培训与交底，识别预制构件进场、卸车、存放、吊装、就位各环节的作业风险，并制定防控措施。

2）安装作业开始前，应对安装作业区进行维护并作出明显的标识，拉警戒线，根据

图 9-3　构件存放

图 9-4　预制混凝土构件吊装

危险源级别安排旁站，严禁与安装作业无关的人员进入。

　　3）施工作业使用的专用吊具、吊索、定型工具式支撑、支架等，应进行安全验算，使用中进行定期、不定期检查，确保其安全状态。

　　4）吊装作业安全应符合下列规定：

　　① 预制构件起吊后，应先将预制构件提升 300mm 左右后，停稳构件，检查钢丝绳、吊具和预制构件状态，确认吊具安全且构件平稳后，方可缓慢提升构件；

　　② 吊机吊装区域内，非作业人员严禁进入；吊运预制构件时，构件下方严禁站人，应待预制构件降落至距地面 1m 以内方准作业人员靠近，就位固定后方可脱钩；

③ 高空应通过缆风绳改变预制构件方向，严禁高空直接用手扶预制构件；

④ 遇到雨、雪、雾天气，或者风力大于5级时，不得进行吊装作业。

（5）预制混凝土构件的临时固定（图9-5）

1）采用吊装装置吊运墙板时，在没有对吊装构件进行定位固定前，不准松钩。

2）现场应配备足够的固定配件安装操作工具，构件就位后应及时进行固定。

图9-5　混凝土预制构件临时固定示意

（6）楼梯临边的防护（图9-6）

1）楼梯踏步板安装后，应采用专用夹具安装临边防护。

2）楼梯夹具的做法：

① 利用铁件卡住楼梯平台板侧面，拧紧紧固螺栓；

② 两跑楼梯安装后，中间要预留15~20mm缝隙，利用休息平台间的缝隙，将螺杆插入缝隙内，在平台下面，设置垫片，拧紧螺母即可。

图9-6　预制楼梯临边防护

9.4.2　钢结构施工安全技术

（1）钢柱、钢梁吊装安装（图9-7、图9-8）

1）钢结构吊装作业必须编制专项施工方案，经审批同意后按方案实施。需要专家论证的，应按有关规定组织论证后实施。

2）起重司机、指挥及司索工应待特种作业操作证上岗，遵守"十不吊"原则。

3）起重吊装作业前，检查起重设备、吊索具确保其完好，符合安全要求，钢结构吊装应使用专用索具。

4）钢柱吊装前应装配钢爬梯和防坠器。钢柱就位后柱脚处使用垫铁垫实，柱脚螺栓初拧，钢柱四个方向上使用缆风绳拉紧，锁好手动葫芦，拧紧柱脚螺栓后方可松钩。形成稳定框架结构后方可拆除缆风绳。

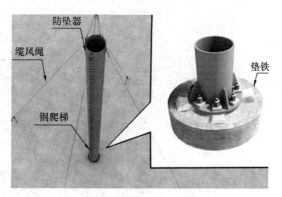

图 9-7　钢柱吊装

5）钢梁吊装前必须安装好立杆式双道安全绳。钢梁就位后使用临时螺栓进行拴接，临时连接螺栓数量不少于安装孔数量的 1/3，且不少于 2 个，临时螺栓安装完毕后方可松钩。

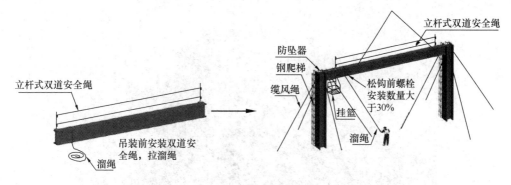

图 9-8　钢梁吊装示意

（2）钢结构整体吊装（图 9-9）

钢结构整体吊装除遵守钢梁、钢柱吊装安装的安全要求外，还应符合以下规定：

1）整体吊装前，检查起重设备、吊索具及吊点可靠性，在计算的吊点位置做出标记。

2）整体就位后，螺栓连接数量符合方案要求后方可松钩。

（3）网架、连廊整体提升（图 9-10）

1）提升作业前必须编制专项施工方案，经审批同意后按方案实施。需要专家论证的，应按有关规定组织论证后实施。

2）提升前应按照方案仔细检查提升装置、牛腿、焊缝等的可靠性，确认无误后方可进行提升。

3）正式提升前应进行预提升，分级加载过程中，每一步分级加载完毕，均应暂停并检查，如提升平台、连接柜架及下吊点加固杆件等加载前后的应力变形的情况，以及主框架柱的稳定性等。

4）分级加载完毕，连体钢结构提升离开拼装胎架约 10cm 后暂停，停留 12h 全面检查各设备运行及结构体系的情况。

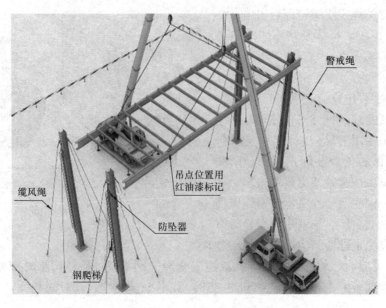

图 9-9　整体吊装示意

图 9-10　整体提升作业示意图

5）后装杆件全部安装完成后，方可进行卸载工作，卸载按照方案缓慢分级进行，并根据现场卸载情况调整，直至钢绞线彻底松弛。

6）在提升过程中，应指定专人观察钢绞线的工作情况，密切观察结构的变形情况。若有异常，直接通知指挥控制中心。

7）提升作业时，禁止交叉作业。提升过程中，未经许可不得擅自进入施工现场。

（4）索膜施工

1）索膜施工前必须编制专项施工方案，经审批同意后按方案实施。需要专家论证的，应按有关规定组织论证后实施。

2）吊装时要注意膜面的应力分布均匀，必要时可在膜上焊接连续的"吊装搭扣"，用两片钢板夹紧搭扣来吊装；焊接"吊装搭扣"时要注意其焊接的方向，以保证吊装时焊缝处是受拉，避免焊缝受剥离。

3）吊装时的移动过程应缓慢、平稳，并有工人从不同角度以拉绳协助控制膜的移动；大面积膜面的吊装应选择晴朗无风的天气进行，风力大于三级或气温低于 4℃时不宜进行安装。

4）吊装就位后，要及时固定膜边角；当天不能完成张拉的，也要采取相应的安全措施，防止夜间大风或因降雨积水造成膜面撕裂。

5）整个安装过程要严格按照施工技术设计进行，做到有条不紊；作业过程中安装指导人员要经常检查整个膜面，密切监控膜面的应力情况，防止因局部应力集中或超张拉造成意外；高空作业，要确保人身安全。

10 工程建设标准强制性条文

本章要点：本章摘录了施工现场临时用电，高处施工作业，施工现场消防，施工脚手架，模板施工安全，专项工程施工安全，劳动防护，环境与卫生和施工安全管理等方面的部分规范条文。

10.1 施工现场临时用电

《施工现场临时用电安全技术规范》JGJ 46—2005（节选）

1.0.3 建筑施工现场临时用电工程专用的电源中性点直接接地的 220/380V 三相四线制低压电力系统，必须符合下列规定：

1 采用三级配电系统；

2 采用 TN-S 接零保护系统；

3 采用二级漏电保护系统。

3.1.4 临时用电组织设计及变更时，必须履行"编制、审核、批准"程序，由电气工程技术人员组织编制，经相关部门审核及具有法人资格企业的技术负责人批准后实施。变更用电组织设计时应补充有关图纸资料。

3.1.5 临时用电工程必须经编制、审核、批准部门和使用单位共同验收，合格后方可投入使用。

3.3.4 临时用电工程定期检查应按分部、分项工程进行，对安全隐患必须及时处理，并应履行复查验收手续。

5.1.1 在施工现场专用变压器的供电的 TN-S 接零保护系统中，电气设备的金属外壳必须与保护零线连接。保护零线应由工作接地线、配电室（总配电箱）电源侧零线或总漏电保护器电源侧零线处引出（图 5.1.1）。

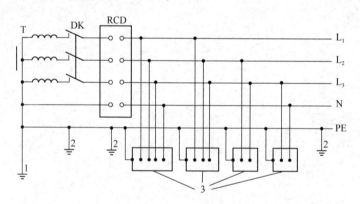

图 5.1.1　专用变压器供电时 TN-S 接零保护系统示意

1—工作接地；2—PE 线重复接地；3—电气设备金属外壳

（正常不带电的外露可导电部分）；

L₁、L₂、L₃—相线；N—工作零线；PE—保护零线；DK—总电源隔离开关；

RCD—总漏电保护器（兼有短路、过载、漏电保护功能的漏电断路器）；

T—变压器

5.1.2 施工现场与外电线路共用同一供电系统时，电气设备的接地、接零保护应与原系统保持一致。不得一部分设备做保护接零，另一部分设备做保护接地。

采用 TN 系统做保护接零时，工作零线（N 线）必须通过总漏电保护器，保护零线（PE 线）必须由电源进线零线重复接地处或总漏电保护器电源侧零线处，引出形成局部 TN-S 接零保护系统（图 5.1.2）。

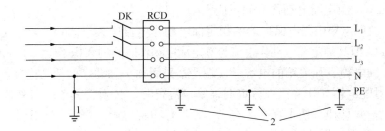

图 5.1.2 三相四线供电时局部 TN-S 接零保护系统保护零线引出示意
1—NPE 线重复接地；2—PE 线重复接地；L₁、L₂、L₃—相线；N—工作零线；
PE—保护零线；DK—总电源隔离开关；RCD—总漏电保护器（兼有短路、过载、
漏电保护功能的漏电断路器）

5.1.10 PE 线上严禁装设开关或熔断器，严禁通过工作电流，且严禁断线。

5.3.2 TN 系统中的保护零线除必须在配电室或总配电箱处做重复接地外，还必须在配电系统的中间处和末端处做重复接地。在 TN 系统中，保护零线每一处重复接地装置的接地电阻值不应大于 10Ω。在工作接地电阻值允许达到 10Ω 的电力系统中，所有重复接地的等效电阻值不应大于 10Ω。

5.4.7 做防雷接地机械上的电气设备，所连接的 PE 线必须同时做重复接地，同一台机械电气设备的重复接地和机械的防雷接地可共用同一接地体，但接地电阻应符合重复接地电阻值的要求。

6.1.6 配电柜应装设电源隔离开关及短路、过载、漏电保护电器。电源隔离开关分断时应有明显可见分断点。

6.1.8 配电柜或配电线路停电维修时，应挂接地线，并应悬挂"禁止合闸、有人工作"停电标志牌。停送电必须由专人负责。

6.2.3 发电机组电源必须与外电线路电源连锁，严禁并列运行。

6.2.7 发电机组并列运行时，必须装设同期装置，并在机组同步运行后再向负载供电。

7.2.1 电缆中必须包含全部工作芯线和用作保护零线或保护线的芯线。需要三相四线制配电的电缆线路必须采用五芯电缆。五芯电缆必须包含淡蓝、绿/黄二种颜色绝缘芯线。淡蓝色芯线必须用作 N 线；绿/黄双色芯线必须用作 PE 线，严禁混用。

7.2.3 电缆线路应采用埋地或架空敷设，严禁沿地面明设，并应避免机械损伤和介质腐蚀。埋地电缆路径应设方位标志。

8.1.3 每台用电设备必须有各自专用的开关箱，严禁用同一个开关箱直接控制 2 台及 2 台以上用电设备（含插座）。

8.1.11 配电箱的电器安装板上必须分设 N 线端子板和 PE 线端子板。N 线端子板必须与金属电器安装板绝缘；PE 线端子板必须与金属电器安装板做电气连接。进出线中的 N 线必须通过 N 线端子板连接；PE 线必须通过 PE 线端子板连接。

8.2.10 开关箱中漏电保护器的额定漏电动作电流不应大于 30mA，额定漏电动作时间不应大于 0.1s。

使用于潮湿或有腐蚀介质场所的漏电保护器应采用防溅型产品，其额定漏电动作电流

不应大于 15mA ，额定漏电动作时间不应大于 0.1s。

8.2.11 总配电箱中漏电保护器的额定漏电动作电流应大于 30mA ，额定漏电动作时间应大于 0.1s ，但其额定漏电动作电流与额定漏电动作时间的乘积不应大于 30mA·s。

8.2.15 配电箱、开关箱的电源进线端严禁采用插头和插座做活动连接。

8.3.4 对配电箱、开关箱进行定期维修、检查时，必须将其前一级相应的电源隔离开关分闸断电，并悬挂"禁止合闸、有人工作"停电标志牌，严禁带电作业。

9.7.3 对混凝土搅拌机、钢筋加工机械、木工机械、盾构机械等设备进行清理、检查、维修时，必须首先将其开关箱分闸断电，呈现可见电源分断点，并关门上锁。

10.2.2 下列特殊场所应使用安全特低电压照明器：

1 隧道、人防工程、高温、有导电灰尘、比较潮湿或灯具离地面高度低于 2.5m 等场所的照明，电源电压不应大于 36V；

2 潮湿和易触及带电体场所的照明，电源电压不得大于 24V；

3 特别潮湿场所、导电良好的地面、锅炉或金属容器内的照明，电源电压不得大于 12V。

10.2.5 照明变压器必须使用双绕组型安全隔离变压器，严禁使用自耦变压器。

10.3.11 对夜间影响飞机或车辆通行的在建工程及机械设备，必须设置醒目的红色信号灯，其电源应设在施工现场总电源开关的前侧，并应设置外电线路停止供电时的应急自备电源。

10.2 高 处 施 工 作 业

《建筑施工高处作业安全技术规范》JGJ 80—2016（节选）

4.1.1 坠落高度基准面 2m 及以上进行临边作业时，应在临空一侧设置防护栏杆，并应采用密目式安全立网或工具式栏板封闭。

4.2.1 在洞口作业时，应采取防坠落措施，并应符合下列规定：

1 当竖向洞口短边边长小于 500mm 时，应采取封堵措施；当垂直洞口短边边长大于或等于 500mm 时，应在临空一侧设置高度不小于 1.2m 的防护栏杆，并应采用密目式安全立网或工具式栏板封闭，设置挡脚板；

2 当非垂直洞口短边尺寸为 25mm～500mm 时，应采用承载力满足使用要求的盖板覆盖，盖板四周搁置应均衡，且应防止盖板移位；

3 当非垂直洞口短边边长为 500mm～1500mm 时，应采用专项设计盖板覆盖，并应采取固定措施；

4 当非垂直洞口短边边长大于或等于 1500mm 时，应在洞口作业侧设置高度不小于 1.2m 的防护栏杆，并应采用密目式安全立网或工具式栏板封闭；洞口应采用安全平网封闭。

5.2.3 严禁在未固定、无防护的构件及安装中的管道上作业或通行。

6.4.1 悬挑式操作平台的设置应符合下列规定：

1 悬挑式操作平台的搁置点、拉结点、支撑点应设置在主体结构上，且应可靠连接；

2 未经专项设计的临时设施上，不得设置悬挑式操作平台；

3 悬挑式操作平台的结构应稳定可靠，且承载力应符合使用要求。

8.1.2 采用平网防护时，严禁使用密目式安全立网代替平网使用。

10.3 施工现场消防

《建设工程施工现场消防安全技术规范》GB 50720—2011（节选）

3.2.1 易燃易爆危险品库房与在建工程的防火间距不应小于15m，可燃材料堆场及其加工场、固定动火作业场与在建工程的防火间距不应小于10m，其他临时用房、临时设施与在建工程的防火间距不应小于6m。

4.2.1 宿舍、办公用房的防火设计应符合下列规定：

1 建筑构件的燃烧性能等级应为A级。当采用金属夹芯板材时，其芯材的燃烧性能等级应为A级。

4.2.2 发电机房、变配电房、厨房操作间、锅炉房、可燃材料库房及易燃易爆危险品库房的防火设计应符合下列规定：

1 建筑构件的燃烧性能等级应为A级。

4.3.3 既有建筑进行扩建、改建施工时，必须明确划分施工区和非施工区。施工区不得营业、使用和居住；非施工区继续营业、使用和居住时，应符合下列规定：

1 施工区和非施工区之间应采用不开设门、窗、洞口的耐火极限不低于3.0h的不燃烧体隔墙进行防火分隔。

2 非施工区内的消防设施应完好和有效，疏散通道应保持畅通，并应落实日常值班及消防安全管理制度。

3 施工区的消防安全应配有专人值守，发生火情应能立即处置。

4 施工单位应向居住和使用者进行消防宣传教育，告知建筑消防设施、疏散通道的位置及使用方法，同时应组织疏散演练。

5 外脚手架搭设不应影响安全疏散、消防车正常通行及灭火救援操作，外脚手架搭设长度不应超过该建筑物外立面周长的1/2。

5.1.4 施工现场的消火栓泵应采用专用消防配电线路。专用消防配电线路应自施工现场总配电箱的总断路器上端接入，且应保持不间断供电。

5.3.5 临时用房的临时室外消防用水量不应小于表5.3.5的规定。

临时用房的临时室外消防用水量   表5.3.5

临时用房的建筑面积之和	火灾延续时间（h）	消火栓用水量（L/s）	每支水枪最小流量（L/s）
1000m³＜面积≤5000m²	1	10	5
面积＞5000m³		15	5

5.3.6 在建工程的临时室外消防用水量不应小于表5.3.6的规定。

5.3.9 在建工程的临时室内消防用水量不应小于表5.3.9的规定。

6.2.1 用于在建工程的保温、防水、装饰及防腐等材料的燃烧性能等级应符合设计要求。

在建工程的临时室外消防用水量			表 5.3.6
在建工程（单体）体积	火灾延续时间（h）	消火栓用水量（L/s）	每支水枪最小流量（L/s）
10000m³＜体积≤30000m³	1	15	5
体积＞30000m³	2	20	5

在建工程的临时室内消防用水量			表 5.3.9
建筑高度、在建工程体积（单体）	火灾延续时间（h）	消火栓用水量（L/s）	每支水枪最小流量（L/s）
24m＜建筑高度≤50m 或 30000m³＜体积≤50000m³	1	10	5
建筑高度＞50m 或体积＞50000m³	1	15	5

6.2.3 室内使用油漆及其有机溶剂、乙二胺、冷底子油等易挥发产生易燃气体的物资作业时，应保持良好通风，作业场所严禁明火，并应避免产生静电。

6.3.1 施工现场用火应符合下列规定：

3 焊接、切割、烘烤或加热等动火作业前，应对作业现场的可燃物进行清理；作业现场及其附近无法移走的可燃物应采用不燃材料对其覆盖或隔离。

5 裸露的可燃材料上严禁直接进行动火作业。

9 具有火灾、爆炸危险的场所严禁明火。

6.3.3 施工现场用气应符合下列规定：

1 储装气体的罐瓶及其附件应合格、完好和有效；严禁使用减压器及其他附件缺损的氧气瓶，严禁使用乙炔专用减压器、回火防止器及其他附件缺损的乙炔瓶。

10.4 施 工 脚 手 架

1.《建筑施工扣件式钢管脚手架安全技术规范》JGJ 130—2011（节选）

3.4.3 可调托撑受压承载力设计值不应小于 40kN，支托板厚不应小于 5mm。

6.2.3 主节点处必须设置一根横向水平杆，用直角扣件扣接且严禁拆除。

6.3.3 脚手架立杆基础不在同一高度上时，必须将高处的纵向扫地杆向低处延长两跨与立杆固定，高低差不应大于 1m。靠边坡上方的立杆轴线到边坡的距离不应小于 500mm（图 6.3.3）。

6.3.5 单排、双排与满堂脚手架立杆接长除顶层顶步外，其余各层各步接头必须采用对接扣件连接。

6.4.4 开口型脚手架的两端必须设置连墙件，连墙件的垂直间距不应大于建筑物的层高，并且不应大于 4m。

6.6.3 高度在 24m 及以上的双排脚手架应在外侧全立面连续设置剪刀撑；高度在 24m 以下的单、双排脚手架，均必须在外侧两端、转角及中间间隔不超过 15m 的立面上，各设置一道剪刀撑，并应由底至顶连续设置（图 6.6.3）。

6.6.5 开口型双排脚手架的两端均必须设置横向斜撑。

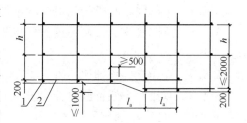

图 6.3.3 纵、横向扫地杆构造
1—横向扫地杆；2—纵向扫地杆

7.4.2 单、双排脚手架拆除作业必须由上而下逐层进行，严禁上下同时作业；连墙件必须随脚手架逐层拆除，严禁先将连墙件整层或数层拆除后再拆脚手架；分段拆除高差大于两步时，应增设连墙件加固。

7.4.5 卸料时各构配件严禁抛掷至地面。

8.1.4 扣件进入施工现场应检查产品合格证，并应进行抽样复试，技术性能应符合现行国家标准《钢管脚手架扣件》GB 15831 的规定。扣件在使用前应逐个挑选，有裂缝、变形、螺栓出现滑丝的严禁使用。

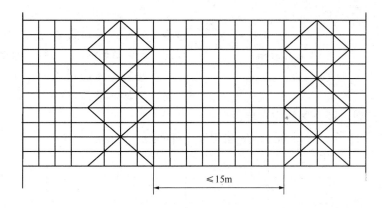

图 6.6.3 剪刀撑布置

9.0.1 扣件式钢管脚手架安装与拆除人员必须是经考核合格的专业架子工。架子工应持证上岗。

9.0.4 钢管上严禁打孔。

9.0.5 作业层上的施工荷载应符合设计要求，不得超载。不得将模板支架、缆风绳、泵送混凝土和砂浆的输送管等固定在架体上；严禁悬挂起重设备，严禁拆除或移动架体上的安全防护设施。

9.0.7 满堂支撑架顶部的实际荷载不得超过设计规定。

9.0.13 在脚手架使用期间，严禁拆除下列杆件：

1 主节点处的纵、横向水平杆，纵、横向扫地杆；

2 连墙件。

9.0.14 当在脚手架使用过程中开挖脚手架基础下的设备基础或管沟时，必须对脚手架采取加固措施。

2.《建筑施工碗扣式钢管脚手架安全技术规范》JGJ 166—2016（节选）

3.2.4 采用钢板热冲压整体成型的下碗扣，钢板应符合现行国家标准《碳素结构钢》GB/T 700 中 Q235A 级钢的要求，板材厚度不得小于 6mm，并应经 600℃～650℃ 的时效处理。严禁利用废旧锈蚀钢板改制。

3.3.8 可调底座底板的钢板厚度不得小于 6mm，可调托撑钢板厚度不得小于 5mm。

3.3.9 可调底座及可调托撑丝杆与调节螺母咬合长度不得少于 6 扣，插入立杆内的长度不得小于 150mm。

5.1.4 受压杆件长细比不得大于 230，受拉杆件长细比不得大于 350。

6.1.4 双排脚手架首层立杆应采用不同的长度交错布置，底层纵、横向横杆作为扫地杆距地面高度应小于或等于 350mm，严禁施工中拆除扫地杆，立杆应配置可调底座或固定底座（见图 6.1.4）。

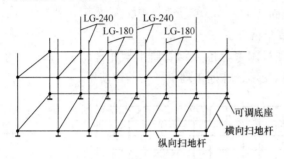

图 6.1.4 首层立杆布置示意

设置一组竖向通高斜杆；斜杆应对称设置；

4 当斜杆临时拆除时，拆除前应在相邻立杆间设置相同数量的斜杆。

6.1.5 双排脚手架专用外斜杆设置（见图 6.1.5）应符合下列规定：

1 斜杆应设置在有纵、横向横杆的碗扣节点上；

2 在封圈的脚手架拐角处及一字形脚手架端部应设置竖向通高斜杆；

3 当脚手架高度小于或等于 24m 时，每隔 5 跨应设置一组竖向通高斜杆；当脚手架高度大于 24m 时，每隔 3 跨应设置一组竖向通高斜杆；斜杆应对称设置；

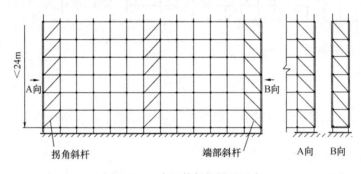

图 6.1.5 专用外斜杆设置示意

6.1.6 当采用钢管扣件作斜杆时应符合下列规定：

1 斜杆应每步与立杆扣接，扣接点距碗扣节点的距离不应大于 150mm；当出现不能与立杆扣接时，应与横杆扣接，扣件扭紧力矩为 40N·m～65N·m；

2 纵向斜杆应在全高方向设置成八字形且内外对称，斜杆间距不应大于 2 跨（见图 6.1.6）。

6.1.7 连墙件的设置应符合下列规定：

1 连墙件应呈水平设置，当不能

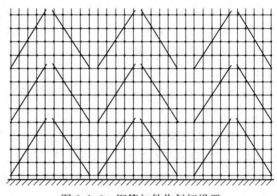

图 6.1.6 钢管扣件作斜杆设置

呈水平设置时，与脚手架连接的一端应下斜连接；

2 每层连墙件应在同一平面，其位置应由建筑结构和风荷载计算确定，且水平间距不应大于4.5m；

3 连墙件应设置在有横向横杆的碗扣节点处，当采用钢管扣件做连墙件时，连墙件应与立杆连接，连接点距碗扣节点距离不应大于150mm；

4 连墙件应采用可承受拉、压荷载的刚性结构，连接应牢固可靠。

6.1.8 当脚手架高度大于24m时，顶部24m以下所有的连墙件层必须设置水平斜杆，水平斜杆应设置在纵向横杆之下（见图6.1.8）。

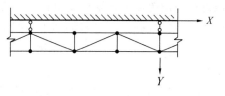

图6.1.8 水平斜杆设置示意

6.2.2 模板支撑架斜杆设置应符合下列要求：

1 当立杆间距大于1.5m时，应在拐角处设置通高专用斜杆，中间每排每列应设置通高八字形斜杆或剪刀撑；

2 当立杆间距小于或等于1.5m时，模板支撑架四周从底到顶连续设置竖向剪刀撑；中间纵、横向由底至顶连续设置竖向剪刀撑，其间距应小于或等于4.5m；

3 剪刀撑的斜杆与地面夹角应在45°~60°，斜杆应每步与立杆扣接。

6.2.3 当模板支撑架高度大于4.8m时，顶端和底部必须设置水平剪刀撑，中间水平剪刀撑设置间距应小于或等于4.8m。

7.2.1 脚手架基础必须按专项施工方案进行施工，按基础承载力要求进行验收。

7.3.7 连墙件必须随双排脚手架升高及时在规定的位置处设置，严禁任意拆除。

7.4.6 连墙件必须在双排脚手架拆到该层时方可拆除，严禁提前拆除。

9.0.5 严禁在脚手架基础及邻近处进行挖掘作业。

3.《液压升降整体脚手架安全技术规程》JGJ 183—2009（节选）

3.0.1 液压升降整体脚手架架体及附着支承结构的强度、刚度和稳定性必须符合设计要求，防坠落装置必须灵敏、制动可靠，防倾覆装置必须稳固、安全可靠。

7.1.1 液压升降整体脚手架的每个机位必须设置防坠落装置，防坠落装置的制动距离不得大于80mm。

7.2.1 液压升降整体脚手架在升降工况下，竖向主框架位置的最上附着支承和最下附着支承之间的最小间距不得小于2.8m或1/4架体高度；在使用工况下，竖向主框架位置的最上附着支承和最下附着支承之间的最小间距不得小于5.6m或1/2架体高度。

4.《建筑施工工具式脚手架安全技术规范》JGJ 202—2010（节选）

4.4.2 附着式升降脚手架结构构造的尺寸应符合下列规定：

1 架体高度不得大于5倍楼层高；

2 架体宽度不得大于1.2m；

3 直线布置的架体支承跨度不得大于7m，折线或曲线布置的架体，相邻两主框架支撑点处的架体外侧距离不得大于5.4m；

4 架体的水平悬挑长度不得大于2m，且不得大于跨度的1/2；

5 架体全高与支承跨度的乘积不得大于110m^2。

4.4.5 附着支承结构应包括附墙支座、悬臂梁及斜拉杆，其构造应符合下列规定：

1 竖向主框架所覆盖的每个楼层处应设置一道附墙支座；

2 在使用工况时，应将竖向主框架固定于附墙支座上；

3 在升降工况时，附墙支座上应设有防倾、导向的结构装置；

4 附墙支座应采用锚固螺栓与建筑物连接，受拉螺栓的螺母不得少于两个或应采用弹簧垫圈加单螺母，螺杆露出螺母端部的长度不应少于 3 扣，并不得小于 10mm，垫板尺寸应由设计确定，且不得小于 100mm×100mm×10mm；

5 附墙支座支承在建筑物上连接处混凝土的强度应按设计要求确定，且不得小于 C10。

4.4.10 物料平台不得与附着式升降脚手架各部位和各结构构件相连，其荷载应直接传递给建筑工程结构。

4.5.1 附着式升降脚手架必须具有防倾覆、防坠落和同步升降控制的安全装置。

4.5.3 防坠落装置必须符合下列规定：

1 防坠落装置应设置在竖向主框架处并附着在建筑结构上，每一升降点不得少于一个防坠落装置，防坠落装置在使用和升降工况下都必须起作用；

2 防坠落装置必须采用机械式的全自动装置，严禁使用每次升降都需重组的手动装置；

3 防坠落装置技术性能除应满足承载能力要求外，还应符合表 4.5.3 的规定。

防坠落装置技术性能 表 4.5.3

脚手架类别	制动距离（mm）
整体式升降脚手架	≤80
单片式升降脚手架	≤150

4 防坠落装置应具有防尘、防污染的措施，并应灵敏可靠和运转自如；

5 防坠落装置与升降设备必须分别独立固定在建筑结构上；

6 钢吊杆式防坠落装置，钢吊杆规格应由计算确定，且不应小于 Φ25mm。

5.2.11 悬挂吊篮的支架支撑点处结构的承载能力，应大于所选择吊篮各工况的荷载最大值。

5.4.7 悬挂机构前支架严禁支撑在女儿墙上、女儿墙外或建筑物挑檐边缘。

5.4.10 配重件应稳定可靠地安放在配重架上，并应有防止随意移动的措施。严禁使用破损的配重件或其他替代物。配重件的重量应符合设计规定。

5.4.13 悬挂机构前支架应与支撑面保持垂直，脚轮不得受力。

5.5.8 吊篮内的作业人员不应超过 2 个。

6.3.1 在提升状况下，三角臂应能绕竖向桁架自由转动；在工作状况下，三角臂与竖向桁架之间应采用定位装置防止三角臂转动。

6.3.4 每一处连墙件应至少有 2 套杆件，每一套杆件应能够独立承受架体上的全部荷载。

6.5.1 防护架的提升索具应使用现行国家标准《重要用途钢丝绳》GB 8918 规定的钢丝绳。钢丝绳直径不应小于 12.5mm。

6.5.7 当防护架提升、下降时，操作人员必须站在建筑物内或相邻的架体上，严禁站在防护架上操作；架体安装完毕前，严禁上人。

6.5.10 防护架在提升时，必须按照"提升一片、固定一片、封闭一片"的原则进行，严禁提前拆除两片以上的架体、分片处的连接杆、立面及底部封闭设施。

6.5.11 在每次防护架提升后，必须逐一检查扣件紧固程度；所有连接扣件拧紧力矩必须达到40N·m～65N·m。

7.0.1 工具式脚手架安装前，应根据工程结构、施工环境等特点编制专项施工方案，并应经总承包单位技术负责人审批、项目总监理工程师审核后实施。

7.0.3 总承包单位必须将工具式脚手架专业工程发包给具有相应资质等级的专业队伍，并应签订专业承包合同，明确总包、分包或租赁等各方的安全生产责任。

8.2.1 高处作业吊篮在使用前必须经过施工、安装、监理等单位的验收，未经验收或验收不合格的吊篮不得使用。

5.《建筑施工承插型盘扣式钢管支架安全技术规程》JGJ 231—2010（节选）

3.1.2 插销外表面应与水平杆和斜杆杆端扣接头内表面吻合，插销连接应保证锤击自锁后不拔脱，抗拔力不得小于3kN。

6.1.5 模板支架可调托座伸出顶层水平杆或双槽钢托梁的悬臂长度（图6.1.5）严禁超过650mm，且丝杆外露长度严禁超过400mm，可调托座插入立杆或双槽钢托梁长度不得小于150mm。

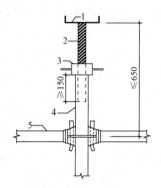

图6.1.5 带可调托座伸出顶层水平杆的悬臂长度
1—可调托座；2—螺杆；
3—调节螺母；4—立杆；
5—水平杆

9.0.6 严禁在模板支架及脚手架基础开挖深度影响范围内进行挖掘作业。

9.0.7 拆除的支架构件应安全地传递至地面，严禁抛掷。

10.5 模 板 施 工 安 全

《建筑施工模板安全技术规范》JGJ 162—2008（节选）

5.1.6 模板结构构件的长细比应符合下列规定：

1 受压构件长细比：支架立柱及桁架，不应大于150；拉条、缀条、斜撑等连系构件，不应大于200；

2 受拉构件长细比：钢杆件，不应大于350；木杆件，不应大于250。

6.1.9 支撑梁、板的支架立柱构造与安装应符合下列规定：

1 梁和板的立柱，其纵横向间距应相等或成倍数。

2 木立柱底部应设垫木，顶部应设支撑头。钢管立柱底部应设垫木和底座，顶部应设可调支托，U形支托与楞梁两侧间如有间隙，必须楔紧，其螺杆伸出钢管顶部不得大于200mm，螺杆外径与立柱钢管内径的间隙不得大于3mm，安装时应保证上下同心。

3 在立柱底距地面200mm高处，沿纵横水平方向应按纵下横上的程序设扫地杆。可调支托底部的立柱顶端应沿纵横向设置一道水平拉杆。扫地杆与顶部水平拉杆之间的间距，在满足模板设计所确定的水平拉杆步距要求条件下，进行平均分配确定步距后，在每一步距处纵横向应各设一道水平拉杆。当层高在8～20m时，在最顶步距两水平拉杆中间应加设一道水平拉杆；当层高大于 20m 时，在最顶两步距水平拉杆中间应分别增加一道水平拉杆。所有水平拉杆的端部均应与四周建筑物顶紧顶牢。无处可顶时，应在水平拉杆端部和中部沿竖向设置连续式剪刀撑。

4 木立柱的扫地杆、水平拉杆、剪刀撑应采用 40mm×50mm 木条或 25mm×80mm 的木板条与木立柱钉牢。钢管立柱的扫地杆、水平拉杆、剪刀撑应采用 Φ48mm×3.5mm 钢管，用扣件与钢管立柱扣牢。木扫地杆、水平拉杆、剪刀撑应采用搭接，并应采用铁钉钉牢。钢管扫地杆、水平拉杆应采用对接，剪刀撑应采用搭接，搭接长度不得小于 500mm，并应采用 2 个旋转扣件分别在离杆端不小于 100mm 处进行固定。

6.2.4 当采用扣件式钢管作立柱支撑时，其构造与安装应符合下列规定：

1 钢管规格、间距、扣件应符合设计要求。每根立柱底部应设置底座及垫板，垫板厚度不得小于 50mm。

2 钢管支架立柱间距、扫地杆、水平拉杆、剪刀撑的设置应符合本规范第 6.1.9 条的规定。当立柱底部不在同一高度时，高处的纵向扫地杆应向低处延长不少于 2 跨，高低差不得大于 1m，立柱距边坡上方边缘不得小于 0.5m。

3 立柱接长严禁搭接，必须采用对接扣件连接，相邻两立柱的对接接头不得在同步内，且对接接头沿竖向错开的距离不宜小于 500mm，各接头中心距主节点不宜大于步距的 1/3。

4 严禁将上段的钢管立柱与下段钢管立柱错开固定在水平拉杆上。

5 满堂模板和共享空间模板支架立柱，在外侧周圈应设由下至上的竖向连续式剪刀撑；中间在纵横向应每隔 10m 左右设由下至上的竖向连续式剪刀撑，其宽度宜为 4～6m，并在剪刀撑部位的顶部、扫地杆处设置水平剪刀撑（图 6.2.4-1）。剪刀撑杆件的底端应与地面顶紧，夹角宜为 450°～600°。当建筑层高在 8～20m 时，除应满足上述规定外，还应在纵横向相邻的两竖向连续式剪刀撑之间增加"之"字斜撑，在有水平剪刀撑的部位，应在每个剪刀撑中间处增加一道水平剪刀撑（图 6.2.4-2）。当建筑层高超过 20m 时，在满足以上规定的基础上，应将所有"之"字斜撑全部改为连续式剪刀撑（图 6.2.4-3）。

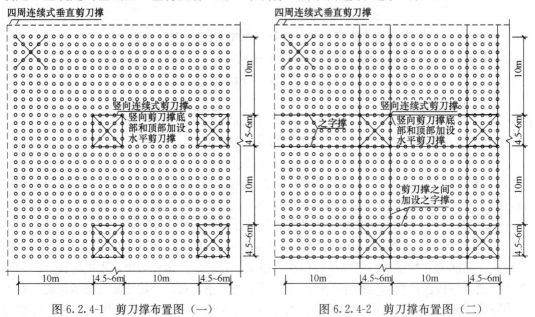

图 6.2.4-1 剪刀撑布置图（一）　　　　图 6.2.4-2 剪刀撑布置图（二）

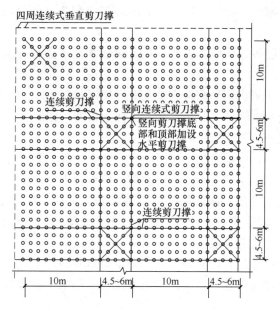

图 6.2.4-3 剪刀撑布置图（三）

6 当支架立柱高度超过 5m 时，应在立柱周圈外侧和中间有结构柱的部位，按水平间距 6～9m、竖向间距 2～3m 与建筑结构设置一个固结点。

10.6 专项工程施工安全

1. 《建筑拆除工程安全技术规范》JGJ 147—2016（节选）

5.1.1 人工拆除施工应从上至下逐层拆除，并应分段进行，不得垂直交叉作业。当框架结构采用人工拆除施工时，应按楼板、次梁、主梁、结构柱的顺序依次进行。

5.1.2 当进行人工拆除作业时，水平构件上严禁人员聚集或集中堆放物料，作业人员应在稳定的结构或脚手架上操作。

5.1.3 当人工拆除建筑墙体时，严禁采用底部掏掘或推倒的方法。

5.2.2 当采用机械拆除建筑时，应从上至下逐层拆除，并应分段进行；应先拆除非承重结构，再拆除承重结构。

6.0.3 拆除工程施工前，必须对施工作业人员进行书面安全技术交底，且应有记录并签字确认。

10.7 劳 动 防 护

《建筑施工作业劳动防护用品配备及使用标准》JGJ 184—2009（节选）

2.0.4 进入施工现场人员必须佩戴安全帽。作业人员必须戴安全帽、穿工作鞋和工作服；应按作业要求正确使用劳动防护用品。在 2m 及以上的无可靠安全防护设施的高处、悬崖和陡坡作业时，必须系挂安全带。

3.0.1 架子工、起重吊装工、信号指挥工的劳动防护用品配备应符合下列规定：

1 架子工、塔式起重机操作人员、起重吊装工应配备灵便紧口的工作服、系带防滑鞋和工作手套。

2 信号指挥工应配备专用标志服装。在自然强光环境条件作业时，应配备有色防护眼镜。

3.0.2 电工的劳动防护用品配备应符合下列规定：

1 维修电工应配备绝缘鞋、绝缘手套和灵便紧口的工作服。

2 安装电工应配备手套和防护眼镜。

3 高压电气作业时，应配备相应等级的绝缘鞋、绝缘手套和有色防护眼镜。

3.0.3 电焊工、气割工的劳动防护用品配备应符合下列规定：

1 电焊工、气割工应配备阻燃防护服、绝缘鞋、鞋盖、电焊手套和焊接防护面罩。在高处作业时，应配备安全帽与面罩连接式焊接防护面罩和阻燃安全带。

2 从事清除焊渣作业时，应配备防护眼镜。

3 从事磨削钨极作业时，应配备手套、防尘口罩和防护眼镜。

4 从事酸碱等腐蚀性作业时，应配备防腐蚀性工作服、耐酸碱胶鞋，戴耐酸碱手套、防护口罩和防护眼镜。

5 在密闭环境或通风不良的情况下，应配备送风式防护面罩。

3.0.4 锅炉、压力容器及管道安装工的劳动防护用品配备应符合下列规定：

1 锅炉及压力容器安装工、管道安装工应配备紧口工作服和保护足趾安全鞋。在强光环境条件作业时，应配备有色防护眼镜。

2 在地下或潮湿场所，应配备紧口工作服、绝缘鞋和绝缘手套。

3.0.5 油漆工在从事涂刷、喷漆作业时，应配备防静电工作服、防静电鞋、防静电手套、防毒口罩和防护眼镜；从事砂纸打磨作业时，应配备防尘口罩和密闭式防护眼镜。

3.0.6 普通工从事淋灰、筛灰作业时，应配备高腰工作鞋、鞋盖、手套和防尘口罩，应配备防护眼镜；从事抬、扛物料作业时，应配备垫肩；从事人工挖扩桩孔孔井下作业时，应配备雨靴、手套和安全绳；从事拆除工程作业时，应配备保护足趾安全鞋、手套。

3.0.10 磨石工应配备紧口工作服、绝缘胶靴、绝缘手套和防尘口罩。

3.0.14 防水工的劳动防护用品配备应符合下列规定：

1 从事涂刷作业时，应配备防静电工作服、防静电鞋和鞋盖、防护手套、防毒口罩和防护眼镜。

2 从事沥青熔化、运送作业时，应配备防烫工作服、高腰布面胶底防滑鞋和鞋盖、工作帽、耐高温长手套、防毒口罩和防护眼镜。

3.0.17 钳工、钢工、通风工的劳动防护用品配备应符合下列规定：

1 从事使用锉刀、刮刀、辈子、扁铲等工具作业时，应配备紧口工作服和防护眼镜。

2 从事剔凿作业时，应配备手套和防护眼镜；从事搬抬作业时，应配备保护足趾安全鞋和手套。

3 从事石棉、玻璃棉等含尘毒材料作业时，操作人员应配备防异物工作服、防尘口罩、风帽、风镜和薄膜手套。

3.0.19 电梯安装工、起重机械安装拆卸工从事安装、拆卸和维修作业时，应配备紧口工作服、保护足趾安全鞋和手套。

10.8 环 境 与 卫 生

《建筑施工现场环境与卫生标准》JGJ 146—2013（节选）

2.0.2 施工现场必须采用封闭围挡，高度不得小于1.8m。

3.1.1 施工现场的主要道路必须进行硬化处理，土方应集中堆放。裸露的场地和集中堆放的土方应采取覆盖、固化或绿化等措施。

3.1.7 建筑物内施工垃圾的清运，必须采用相应容器或管道运输，严禁凌空抛掷。

3.1.11 施工现场严禁焚烧各类废弃物。

4.1.6 施工现场宿舍必须设置可开启式窗户，宿舍内的床铺不得超过2层，严禁使用通铺。

4.2.3 食堂必须有卫生许可证，炊事人员必须持身体健康证上岗。

10.9 施 工 安 全 管 理

1.《建筑施工企业安全生产管理规范》GB 50656—2011（节选）

3.0.9 施工企业严禁使用国家明令淘汰的技术、工艺、设备、设施和材料。

5.0.3 施工企业应建立和健全与企业安全生产组织相对应的安全生产责任体系，并应明确各管理层、职能部门、岗位的安全生产责任。

10.0.6 施工企业应根据施工组织设计、专项安全施工方案（措施）编制和审批权限的设置，分级进行安全技术交底，编制人员应参与安全技术交底、验收和检查。

12.0.3 施工企业的工程项目部应根据企业安全生产管理制度，实施施工现场安全生产管理，应包括下列内容：

6 确定消防安全责任人，制订用火、用电、使用易燃易爆材料等各项消防安全管理制度和操作规程，设置消防通道、消防水源，配备消防设施和灭火器材，并在施工现场入口处设置明显标志；

15.0.4 施工企业安全检查应配备必要的检查、测试器具，对存在的问题和隐患，应定人、定时间、定措施组织整改，并应跟踪复查直至整改完毕。

2.《建筑施工安全检查标准》JGJ 59—2011（节选）

4.0.1 建筑施工安全检查评定中，保证项目应全数检查。

5.0.3 当建筑施工安全检查评定的等级为不合格时，必须限期整改达到合格。

参 考 文 献

[1] 张晓艳. 安全员岗位实务知识[M]. 北京：中国建筑工业出版社，2007.

[2] 住房和城乡建设部工程质量安全监管司. 建设工程安全生产技术[M]. 北京：中国建筑工业出版社，2008.

[3] 张晓艳，刘善安. 安全员岗位实务知识(第二版)[M]. 北京：中国建筑工业出版社，2012.

[4] 住房和城乡建设部标准定额司. 工程建设标准强制性条文(2013 版)-房屋建筑部分[S]. 北京：中国建筑工业出版社，2013.

[5] 中华人民共和国建设部. JGJ 46—2005 施工现场临时用电安全技术规范[S]. 北京：中国建筑工业出版社，2006.

[6] 中华人民共和国住房和城乡建设部. JGJ 80—2016 建筑施工高处作业安全技术规范[S]. 北京：中国建筑工业出版社，2016.

[7] 中华人民共和国住房和城乡建设部. GB 50720—2011 建设工程施工现场消防安全技术规范[S]. 北京：中国建筑工业出版社，2011.

[8] 中华人民共和国住房和城乡建设部. JGJ/T 128—2019 建筑施工门式钢管脚手架安全技术标准[S]. 北京：中国建筑工业出版社，2010.

[9] 中华人民共和国住房和城乡建设部. JGJ 130—2011 建筑施工扣件式钢管脚手架安全技术规范[S]. 北京：中国建筑工业出版社，2011.

[10] 中华人民共和国住房和城乡建设部. JGJ 166—2016 建筑施工碗扣式钢管脚手架安全技术规范[S]. 北京：中国建筑工业出版社，2017.

[11] 中华人民共和国住房和城乡建设部. JGJ 183—2009 液压升降整体脚手架安全技术规程[S]. 北京：中国建筑工业出版社，2009.

[12] 中华人民共和国住房和城乡建设部. JGJ 202—2010 建筑施工工具式脚手架安全技术规范[S]. 北京：中国建筑工业出版社，2010.

[13] 中华人民共和国住房和城乡建设部. JGJ 231—2010 建筑施工承插型盘扣式钢管支架安全技术规程[S]. 北京：中国建筑工业出版社，2010.

[14] 中华人民共和国住房和城乡建设部. JGJ 162—2008 建筑施工模板安全技术规范[S]. 北京：中国建筑工业出版社，2008.

[15] 中华人民共和国建设部. JGJ 147—2016 建筑拆除工程安全技术规范[S]. 北京：中国建筑工业出版社，2004.

[16] 中华人民共和国住房和城乡建设部. JGJ 180—2009 建筑施工土石方工程安全技术规范[S]. 北京：中国建筑工业出版社，2009.

[17] 中华人民共和国住房和城乡建设部. JGJ 184—2009 建筑施工作业劳动防护用品配备及使用标准[S]. 北京：中国建筑工业出版社，2009.

[18] 中华人民共和国住房和城乡建设部. JGJ 146—2013 建筑施工现场环境与卫生标准[S]. 北京：中国建筑工业出版社，2013.

［19］　中华人民共和国住房和城乡建设部. GB 50656—2011 建筑施工企业安全生产管理规范［S］. 北京：中国建筑工业出版社，2011.

［20］　中华人民共和国住房和城乡建设部. JGJ 59—2011 建筑施工安全检查标准［S］. 北京：中国建筑工业出版社，2011.